JN145872

思わず
ビックリ！

どうぶつと獣医さんの本当にあった笑える物語

原案・獣医師 北澤功
漫画・ユカクマ

アスコム

はじめに

みなさん、はじめまして。動物病院で「動物のお医者さん」をしております北澤《きたざわ》 功《いさお》といいます。

いきなりですが、みなさんは、動物に噛《か》まれたことはありますか？

僕は、たーっくさんあります！

動物園に勤務していたこともあるので、いろんな動物に噛まれ、さらに蹴《け》られたりもしました…。ヘビ、クマ、ペリカン、アシカ、ウマ、キツネ…、その種類たるや幅広いものです。

ときには、噛まれたまま治療することもあります。

動物が噛むのは、ちゃんと理由があるんですよ。言葉が話せない動物たちは、行動で僕たちに意思表示をします。

「怖いから近づかないでほしい」「痛い所をこれ以上、触らないで！」

「あなたより私の方が偉いんですよ！」など、動物はこんなメッセージを噛むことで主張するのです。

動物とのトラブルは実は他にもあって、噛まれたことだけではありません。信じられないような数々の「事件」に出会ってきました。あんなことや、こんなこと…。

これからみなさんにお話しする内容は、実際に僕が体験したことばかりです。くれぐれも、びっくりしないでくださいね！

おっと、今日も（動物の）患者さんが病院へ診療に来たようです。さてさて、どんな動物がやってきたのかな？

「はーい、いま行きまーす！」

北澤功

CONTENTS

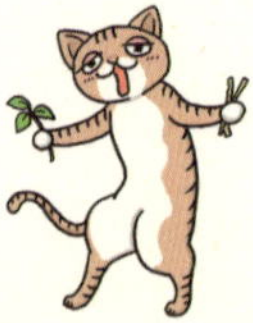

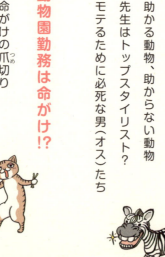

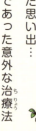

第4章 動物を育て、動物に育てられ…

第5章 動物に優しい環境を作ろう！

動物Q＆A

北澤《きたざわ》先生の動物コラム

※本書は2013年2月に弊社より刊行された
『爆笑！　どうぶつのお医者さん事件簿』
を改題し、再編集したものです。

登場人物紹介

北澤《きたざわ》先生

現在は、町の病院で主に
ペットを診ている獣《じゅう》医《い》さん。
以前は動物園で獣医をしていた。
動物に噛《か》まれた経験が豊富で、
どんな動物にも（人間にも!?）、
柔軟に対応している。

マリちゃん

北澤先生の病院で働く、
獣医師見習い。
まだまだ経験は浅いけれど、
持ち前の明るさで元気に勉強中！

動物園での仲間たち

当時の先生。
ヒゲありません

すり
すり

大神《おおがみ》くん

研修生。
実家が裕福で、動物園に
タクシー通勤していることから
あだ名は「ボンボン」。
小動物が大好き。

麗華《れいか》さん

アルバイトの動物園スタッフ。
園長の娘で、ちょっぴり高飛車《たかびしゃ》だけど
動物の不思議な生態に興味を示し、
熱心に働いている。

やるわよ
バリカンも!!

動物園での仲間たち

山本《やまもと》さん

ドアはまかせて。

動物園スタッフ。
落ち着いた性格のため、
猛獣処置《もうじゅうしょち》の際にドア係などで
先生をサポートしている。

がんばります!!

田畑《たばた》くん

動物園スタッフ。
チンパンジー担当になるも
育児ノイローゼになりかける。
実は、オランウータンが好き。

その他のスタッフ

一家《いっか》くん
シマウマ担当

前田《まえだ》くん
キーパー室の主

黒澤《くろさわ》くん
ゾウ担当

大林《おおばやし》さん
子熊担当

第1章

動物病院では変な事件ばかり！

ネコの脚《あし》はボルトより速い！

ある朝 病院に 電話がありました
うちのコ昨日から ご飯食べなくて 元気がなくて…
それで診《み》ていただき たいんですけど あたし 脚《あし》の調子が悪いから 連れていけません 往診《おうしん》お願いできますか？
先生 ネコちゃんが
はいはい どうしました
私じゃムリですっ
なるほど… ネコちゃんの様子が…
じゃあ 往診に行きますね
ネコちゃんは 捕まえておいてください
ケージに 入れるとか…
あらうちのコ おとなしいから 大丈夫よう
イイコ イイコ♡
ははあ ちょっとイヤな 予感…
こんにちは～

来てもらって ありがとうね このコなの サクラちゃん
はい こんにちは サクラちゃ…
どうも
あっ
ダッ
ピューッ
サクラ ちゃ〜ん!
2階だ!
はいっ
あら さっきまで 元気なかった のよ
ドドドドド…
うわ 速い〜!
えっ もう どこかに 隠れちゃった!?
がらっ
ネコって 速く走れるん ですねぇ
もう いませんよー!!
速いですよ
だってネコは 100mを 7秒台で 走れますから
ぜー はー

まぁ速い！
えっと…どれくらい速いということですか？
その速さは…
ボルトより2秒も速いんですよ
えっ 速っ!!
BOLT
ウサイン・ボルト選手
100 mを9秒台で走り世界新記録を更新した
えーっ そんなに速く走れるんですか
それならわかる!!
だって陸上で走る動物で最速のチーターと親戚《しんせき》ですからね
ねこ
チーター
軽い体に強靱《きょうじん》な筋肉を持っているので瞬発力があるんですよ
ネコの背骨は人間より多く、それを柔軟な筋肉でつなげることにより柔らかい体を持っているんですね
ちなみに我々人間の背骨は硬い靭帯《じんたい》でつながってるんです
立つためには柔軟さより硬さが必要なんですね
人
硬い筋肉
猫
柔らかい筋肉

…あ
サクラちゃん
いた！
たんすの上
高い所も
登るんですね
そうですね
木登りが得意ですから
2m!
ガッ
助走なしで
2mもジャンプできる
瞬発力を持っていますし
いったん逃げたら
捕まえるのは
難しいですよね
ベー
おーい
ほら〜サクラ
大好きな
カツオブシ
よ〜
カツオ
あっ
いらニャ〜い!!
シュッ
瞬!!
パッ
タッ
スポッ
あ〜
狭《せま》い所に
入っちゃった
なんでネコって
狭い場所が好き
なんでしょうねぇ
おーい
ネコの祖先の習性が
残っているから
ですよ
餌《えさ》となるネズミなどは
小さい巣穴にいるでしょう
それをとるため
小さい穴を見ると
頭を入れずに
いられないんです
その獲物を他の動物に
取られないため
暗く狭いところで
食べていました
そういうことから
安心できる
場所なんでしょうね

あっ
こういうときマタタビを見せるといいんじゃないですか
何ソレ
遠い
マタタビは近づかないと効果がないのでこういうときは効果ないですよ
ちなみに…ネコはマタタビの臭《にお》いを嗅ぐとフレーメン※反応をします
※フレーメン反応とは…哺乳類に起こる臭いに反応して唇を引きあげる生理現象
うっ
そのとき目の焦点が合わなくなってトロンとした目にもなりますまた体を地面にこすりつけゴロゴロと鳴くことも
ゴロゴロ
あはは
あははは
これはマタタビに含まれる物質にフェロモンを感じる
発情期に出る性フェロモンなど
上あごの門歯の後ろにヤコブソン器官
フェロモン
マタタビ
ヤコブソン器官が反応するためです
人間はこの器官が退化しています
何も感じない
フンフン
マタタビはネコにとって常習性のない合法ドラッグといっていいでしょうねぇ
HEY HEY
まいどー
だから今の状況ではマタタビよりネコじゃらしとか動く物の方が…
ネコは動く方を優先しちゃうんですか?
ありました!!

ネコは物事を記憶したり複雑なことを考えたりする前頭葉《ぜんとうよう》があまり発達していないのです
ようするに単純脳!
あれっ今自分…
…で自分の今の状態を忘れちゃうことがよくあります
何を…?
ついつい自分が隠れていることを忘れ目の前でちょこまかと動くネコじゃらしなどを見ると
あっ動いてるーッ
隠れている理由よりも我を忘れてこの動く物に夢中になってしまいます
サササッ
それで動く物を優先しちゃうんですねっ
なるほど
じゃ私やってみます
おーい
だっダメみたいです〜
今回は動く物より我々への警戒心が強いようですね
うぅ〜ん
来るな〜

でも先生 前に
診療してもらった時は
おとなしかったのに…
こんなに
逃げちゃうなんて
思わなかったわ
その時は
病院だったからですね
ネコは単独で狩りをするため
「餌を確保する場所」が大事で
縄張り意識が強いんです
家はなわばり!!
病院はアウェイ
だから緊張して
固まってたんですよ
ドキドキ…
その大事な縄張りに…
普段は見かけない
怪しいオーラを感じる
我々が来たので…
こんにちは〜
威嚇《いかく》し追い払おうと
したんです…が
かなわない相手
だと思ったので
逃げちゃったんです
で…出てけ…
だめだ〜っ
そんなわけで…
再チャレンジ
してもダメでした
あの
せっかくですので
お茶でも〜
わぁ〜い
いただきます…
30分程
楽しいお茶の時間を過ごし
サクラちゃんには触れることなく
病院に戻ったのでした…
その後
RRR
RRR

はい
こんにちは
こないだ
サクラを診にきて
もらいまして
あー
また往診に
伺わないとって
先生と話してたんで…
出たんですよぉ
…何が
ですか？
ウンチが！
先生…
サクラちゃん
ウンチ…
ん？
往診に行った
ネコちゃんの
こと？
それ
サクラちゃん
の悪口…？…
はい
どうしました？
あの～
先生方が
帰った後すぐ…
はぁ～スッキリ
大きなウンチを
しまして
出したらすっかり
元気になりました！
なーるほど
サクラちゃん
便秘
だったんですね
僕たちと
追いかけっこして
腸が動いたんでしょう
あらまぁ
そうだったの
治って
良かったですね
ネコちゃんの往診の際は
隠れ場所のない部屋に
閉じ込めておくなど対策を
とっておいてくださいね
お願いしまーす

焼き鳥好きのポメラニアン

太っているかどうかは背中を軽く触って背骨を確認します
MARU
お肉がのってて背骨はわからないなあ
背骨の凹凸がわからないようだと太り過ぎ
うんあるある
背骨
でこ
ぼこ
わかれば大丈夫ですよ
次に両脇《りょうわき》を持って体を伸ばすように持ち上げてください
ウエストがありますか？
微妙〜にあるかしらね
ないですね！
ちょっとそっちは関係ないですよ！
失礼ですよっっ
これ以上は太らないようにして少し痩《や》せたぐらいの方がいいですね
そぉなの〜
でも先生…

テルは丸いのが可愛いんですけど…やっぱり痩《や》せないとダメですか？
ちょっとくらい太ってても
ああ確かに丸いのいいですよね何かのキャラクターみたいで！
こんなの!!
いけませーん！
獣医の勉強してる人ーーっ!!
おデブは万病の元です
心臓病《しんぞうびょう》
呼吸器病《こきゅうきびょう》
糖尿病《とうにょうびょう》
足腰《あしこし》の関節炎《かんせつえん》
椎間板《ついかんばん》ヘルニア
皮膚病《ひふびょう》
などなど
せいっ
数々の病気にかかりやすい傾向があります
きゃーーーっ!!
・・・
…そんな病気にさせちゃダメよね…
うんわかったわ先生どうすればいいのかしら
ではこのダイエットフードをあげて運動もしっかりさせてくださいね
わかりました！
しっかりやれば大丈夫ですね！
そして次の診察日が来て…

まるまる
太…っ…てる!?
6.0kg
ふ…フードはどうしたんですか
はい ちゃんとあげてましたよ 言われた通りの量で
ううーん…
あら〜 背骨がわからない感じ
ペかっ
あっ
もしかしてご主人…晩酌《ばんしゃく》します?
しますします
テルちゃんはそのときどこに…?

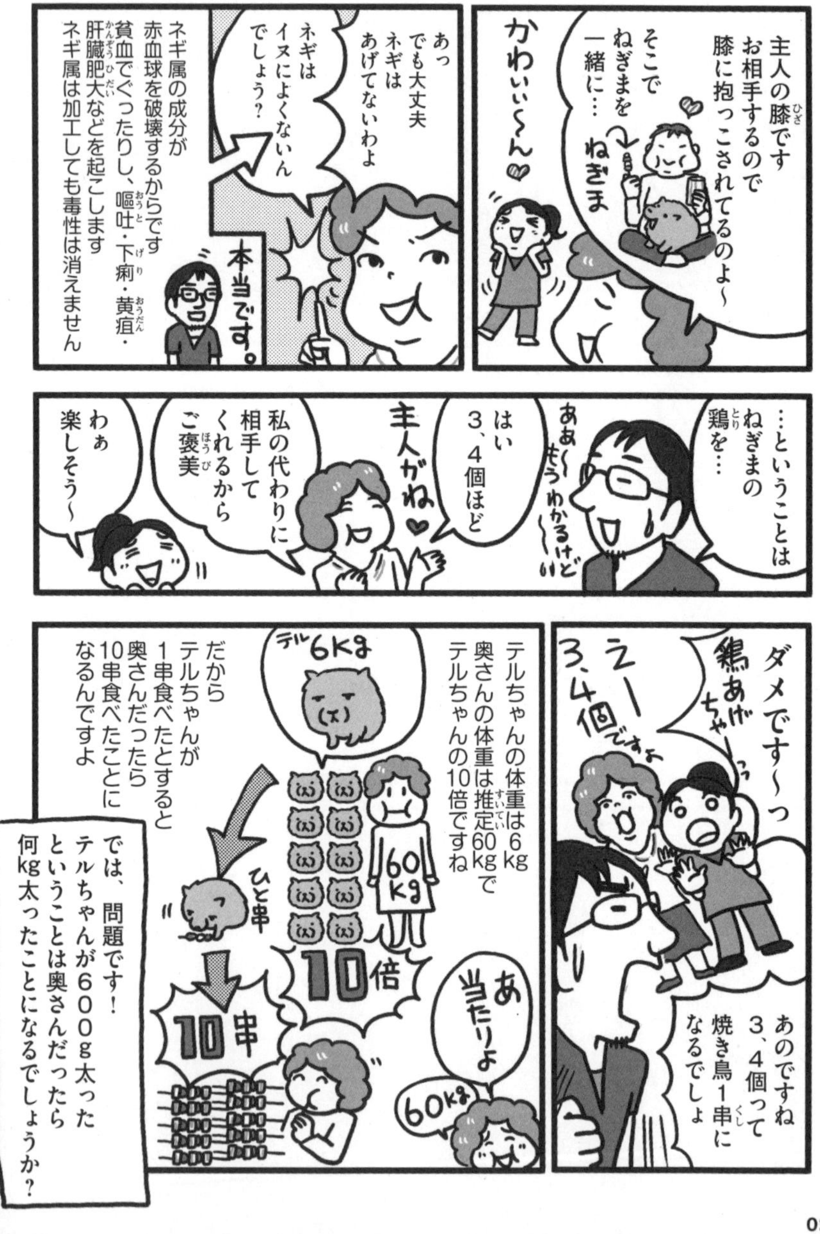
主人の膝《ひざ》です
お相手するので
膝に抱っこされてるのよ〜
そこで
ねぎまを
一緒に…
ねぎま
かわいぃ〜ん
あっ
でも大丈夫
ネギは
あげてないわよ
ネギは
イヌによくないん
でしょう？
本当です。
ネギ属の成分が
赤血球を破壊するからです
貧血でぐったりし、嘔吐《おうと》・下痢《げり》・黄疸《おうだん》・
肝臓肥大《かんぞうひだい》などを起こします
ネギ属は加工しても毒性は消えません
…ということは
ねぎまの
鶏《とり》を…
あぁ〜 もうわかるけど〜
はい
3、4個ほど
主人がね
私の代わりに
相手して
くれるから
ご褒美《ほうび》
わぁ
楽しそう〜
ダメです〜っ
鶏あげちゃ
えー
3、4個ですよ
あのですね
3、4個って
焼き鳥1串《くし》に
なるでしょ
テルちゃんの体重は6kg
奥さんの体重は推定《すいてい》60kgで
テルちゃんの10倍ですね
テル6kg
60kg
10倍
ひと串
10串
あ
当たりよ
60kg
だから
テルちゃんが
1串食べたとすると
奥さんだったら
10串食べたことに
なるんですよ
では、問題です！
テルちゃんが600g太った
ということは奥さんだったら
何kg太ったことになるでしょうか？

はいっ 答え
奥さんだったら6kg増えたことになるんですよ！
6kg
せいっ
きゃ〜っ
何で私まで〜
そ… それは大変だわ
人間だと60kg太ってることになるのね…
テルを… 晩酌のお供にするのは… やめさせます
そうですね そうしてください
テルちゃんとがんばって!!
おかーさんどうしたの?
その後…
テルちゃんは見事4kg台に返り咲きました
うんうん 背骨わかる〜
毛がフサフサだから見た目かわらないけど〜
ふふ♡ これなら大丈夫ですよね
はい 良かったですね
…ていうか 奥さんもやせましたね!?
そお?

これって、まさか腫瘍《しゅよう》…!?

毛です
毛ーっ!?
ほら
あーっ ほんとだ
固まりの中は毛。
この絡まりやすい毛はアンダーコートといって防寒するための毛でとても柔らかいんですね
毛に種類があるの？
イヌもネコも2種類の毛を持つ品種があります
トップコート
外側の硬くてツンツンした毛
外側の毛
アンダーコート
内側の柔らかくて細い毛
内側の毛
ん？ 何で2種類あるんですか？
ネコの換毛期は春と秋の2回あって…
これには「保温機能」が関係しています
秋
横から見た図
←トップ
アンダー
保温
柔らかいアンダーコートは密集して生えているため毛の間に空気を含み断熱材の役割をして寒さから体を守ります
ほかほか

春
暖かくなって
保温機能は必要ないため
アンダーコートが抜け
トップコートの割合が多くなり
すっきりした姿になります
トップがタタ!!
アンダーは抜け少
すっきり
アンダーコート
ふわ
ふわ
抜け毛〜!!
中にいっぱい着ている
インナーを脱いだ感じね
すっきり
アンダーコートが増えてホカホカ
ムクムク
冬
春
換毛期
冬毛から夏毛へ生え変わり
夏
もわ
もわ
抜毛!!
スッキリ〜
1年のサイクル
秋
換毛期
夏毛から冬毛へ生え変わり
もわ
もわ
抜毛!!
イヌの換毛期も春と秋です。
イヌもネコもこの換毛期に細くて柔らかいアンダーコートをブラッシングしてあげないと…
こうなるわけです
やだ確かに最近やってなかったわ〜
ブラッシング全く〜
毛玉
毛玉
毛玉

とりあえず この毛を何とか しましょう
こういうときは 丁寧にほぐして いけばいいんですが…
毛玉をほぐす方法
手で少しずつほぐし…
毛玉を分解してから固いところを切る!!
このコの場合 カタマリが 大き過ぎるので 少し荒療治《あらりょうじ》 しますよ
お お願いします〜
というわけで…
あはは 可愛い〜
にあう〜
ライオンちゃん ですね
バリカンで刈りました
秋の換毛期《かんもうき》は しっかり 気をつけます…
ブラッシングで しっかり 取ってください ね!
ところが 初秋の ある日…
なんだよ

だーかーら お前が切れって 言ったんだろ～
そこまで やれとは 言って ないわよ
えーと 夫婦喧嘩《ふうふげんか》で お忙しそうですが どうしました？
ちょっと 見てくださいよ！
あっ コブができて ライオンカット になっちゃった ネコちゃん…？
あ
なんかさぁ――
血!?
そして また コブ…
どうしたん ですかっ 血だらけ ですよー！
なるほど また毛玉ができて 旦那《だんな》さんが 切ってあげたと…
皮膚まで…
切ってくれって いうから俺が やったんだけどさ
それは こう…
毛を引っぱりながら 切ったのでは ないですか？
伸ばした ココを
あ～ そうそう それだよ！
うん。
気を つけて ね～

その方法では
皮膚《ひふ》を切って
しまい
ますよ
毛玉を切るには
こう…
もう
切られた
けどね…
タテに
毛玉を
割るように
縦にカットして
開いてからほぐし
毛玉の間に手を入れて
少しずつ
切るといいんですね
なるほど
わかった!
今度は
ちゃんと
切ってやるぞ
あ~もう
いいです
やらなくって
もう怖いわ
先生
毛玉は
そのままにしちゃ
ダメなの?
ダメですよ~
そのままに
しておくと
皮膚炎を
起こしたり
しますからね
ヒフえん!?
蒸れて
炎症を起こして
しまうんです
どういう
症状なんですか?
かゆ~い
かゆみを訴えたり
発疹《ほっしん》が出ます
時には雑菌が入って
膿《う》んでしまうことも
ありますよ
コブ
発疹

ネコの皮膚は丈夫で伸縮しますが人間以上に薄く敏感です毛玉だけでなく体全体の病気が原因になることもあります
ネコの一般的な皮膚病
清潔にしていないと人にうつる病気もあるので注意が必要です
なるほど!!
皮膚炎
食べ物・ノミ・ホコリなどが主な原因。かゆみ、脱毛、発疹などの症状も
疥癬《かいせん》
ネコヒゼンダニの寄生で、顔や耳に発疹やフケが出る。全身に広がり人にうつることもある
皮膚真菌症
皮膚にカビが感染し、円形脱毛などが起きる。人に感染し、円形の皮膚炎を起こす場合がある
じゃあピカピカにしてやればいいんだな!
毎日シャンプーしてやるぞ♪
あっ 毎日はダメですよ
この間…
うちのコすごく痒《かゆ》がってるんですけど~
わぁ真っ赤!
いつも清潔にしてるのよ
毎日シャンプーしてるんだから!
ああそれがいけません

だって清潔にしないと雑菌が増えるんでしょう？
不潔すぎる場合は確かにそうですが
この場合はシャンプーしすぎですね
大事な皮脂までなくなっていて乾性の皮膚炎を起こしていますよ
えーっ
その後シャンプーをしばらく止めてみたら…
皮膚炎治りました〜！
もうかゆくないよ！
…ということもあるんです
何事もやりすぎは禁物なんですねえ
わかりました…
今度はやりすぎないよう毛玉を切ります
いやぁあのそれより換毛期にはブラッシングをしてくださいね
旦那さんハサミじゃなくてブラシですよ〜
もう〜
毛玉できたらここに来ますよ〜
そうして。

イヌとネコのギモン

Q

ウチのイヌは「待て」をさせたときに片方の前脚《まえあし》をひょこっと上げる
仕草をします。これは、どんな気持ちを表しているのですか？

A

**まず、脚にケガがないか見てあげてください。
痛みで脚を上げる場合もあります。
ケガなどがなければ、飼い主に対する服従のサインです。
片方の前脚を上げてじっとしているのは、
ご主人の指示に従おうとしているんですよ。**

Q

我が家の愛犬は、お客様が来ると
その人の周りをぐるぐると回るので困っています…。

A

**見慣れない人に対する興味と、警戒心の表れです。
遊んで欲しいというアピールでもありますが、警戒心が強い場合は、
興奮して攻撃してしまうこともありますので、
様子を見て落ち着かないときは、
お客様から離すようにしましょう。**

?

Q

飼いネコが、毛布や洋服、私のお腹を前脚でフミフミします。
これはマッサージでもしてくれているのでしょうか？

A

**これは、母猫のおっぱいを飲むときの仕草です。幼児期を思い出し、
安心して甘えているんですよ。
子猫のうちに早く母猫から離されてしまった
ネコがよくやります。そんなときは、
たくさん可愛がってあげてくださいね。**

Q

うちのネコちゃんは、しっぽを立ててお尻を向けてきます。
嫌われているのですか…？

A

**そんなことはありません！
これは、子猫のときに母猫にお尻をなめて
排泄の世話をしてもらっていた名残で、
甘えている証拠です。
飼い主への信頼や愛情を示しているんですよ。**

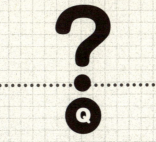

噛《か》まれるエキスパート

せっ
先生～！
かまれた
先生がかまれた～
食い込んでますーっ
大丈夫
大丈夫
さわがないで
ピキ
痛テテ
うっ
ふ～～
チョコちゃん…
痛いですよ？
はっ。。
ぱかっ
あ
あたしったら…

チョコちゃんは
腫瘍《しゅよう》の手術で入院していた
柴犬です
あたし
今…
何を…
手術後の様子を
みるため不用意に
傷口に触れてしまったので
噛《か》まれちゃったんですね
はぁぁ
でもさすが先生!
噛まれ慣れてる
から
このぐらいじゃ
動揺しないんですね
ドキドキ
確か
チンパンジーとか
シマウマとかに
噛まれてるん
ですもんね
あっ
ばくっ
ぱく
ぱく
うん
噛まれましたねぇ
ライオンに
噛まれたりしましたか!?
さぞすごい事に…
わくわく
わぁ〜
ん?
何その
誤情報…
怖いですよ
その状態
経験してたら
ここには
居ませんよ
でも私だったら
先生みたいに
落ち着いていられ
ないですよ
噛まれたりしたら
もう大変!
ん?
ね〜
チョコちゃん
あっ
傷口に手を
近づけたら
危ない!
まだ
完全に落ち着いて
ないから噛むかも…

…あ
痛ああーい！
ひーっ
ぎゃああ
痛痛
放してぇぇ〜！
ヴーアーヴーー
マリちゃん
落ち着いて！
それだと
逆効果ですよ！
引くんじゃなくて
押します
手を
こう……
引くのは……
押すのが……
えっ
はい
ごめんね
チョコちゃんーー
いてて
うっ
ぐいっ
うえっ
ぱか

ほ…
本当だぁ〜どうしてですか
犬歯の向きを考えてください
キバのあと
口の奥の方に曲がっています
だから引き抜こうとするといっそう食い込むんです
逆にちょっと押し込めば
うっ
歯の向きも逆になって喉も苦しいから口を開くんですね
それより前に
噛まれたらまず冷静に話しかけるといいですよ
あぁさっき先生がやってましたね…
冷静に…
チョコちゃん…痛いですよ?
そしたら放して…
ぱっ
上目づかい
なんか申し訳なさそうな顔してました！
そうチョコちゃんはしまった！…と思ったんですよ
噛むのは悪いことだと知っているからです
だから冷静にさせて悪いことをしたと悟らせる時間を与えてあげるんですね
なるほど!!

じゃあ
ライオンに
噛まれたときも
冷静に悟らせ
たんですね？
こらこら
だめだよ
ガウッ
べしっ
すてき～
いや
野生の動物は
ダメです
噛むことを悪いとは
思ってないですし
何といっても
人間は敵ですから
…っていうか
ライオンに頭は
噛まれてませんってば…
良くないのは
噛まれて動揺し
興奮してしまうことですよ
人間が。
さっきの
私ですね～
あ～
そうですね
動物と一緒になって
興奮すると
よけいに
「放すものか！」と
いっそう強く噛みます
これから気をつけて
ぺろん
あっ

チョコちゃん…ありがとう大丈夫だよ～
先生チョコちゃんが謝ってます！
ペロ
ペロ
あれチョコちゃん僕には…
私こそゴメンね興奮してるときに傷口に触るようなヘンな動きをして…
もう謝らなくていいよ～
ペロペロペロ
チョコちゃんは心配もしてますが舐《な》めることで治療しようとしてるんですよ
えっ治してくれるんですか
大丈夫大丈夫？
ペロペロ
治療しようとしてくれてるってことはマリちゃんを仲間のように感じてくれてるんですね
仲間
そうなんだ舐めてくれたら嫌いな相手じゃないってことなんですね～
あれぼくは…？
なんか舐めるってすごいかも
そうですよ～じゃあ舐めることについてもう少し解説してみましょうか

動物が体を舐《な》めたがる理由

そうです
そうやって
動物たちがケガや病気を
予防したり
治療《ちりょう》したりすることを…
zoopharmacognogy
ズーファーマコロジー
といいます
ふんふん
イヌやネコのこと
だけですか？
いえいえ
動物全般で
いえます
他の動物で
いうと…
チンパンジーは
お腹が痛いと
ある種類の薬草を食べる
あ
お腹痛い？
えーと
コレだな!!
という行動が
知られています
ゾウも
ある特定の場所の
土を食べる
お腹いたいよ
土、土…
豊富に含まれている
ミネラルをとるためと
草に含まれる毒を土に吸着させ
体の外に出す解毒のために食べます
トカゲのしっぽ再生は
究極の
ズーファーマコロジー
トカゲのしっぽは
切れるところが
だいたい決まっていて、
筋肉が収縮し
骨も決まった部分から外れます。
その細胞は出血も防ぎ
断面からまた再生します
※人為的に尾を切断しても
同様の反応は見られません
この節目を
「自切面」
という。
細胞
活発!!

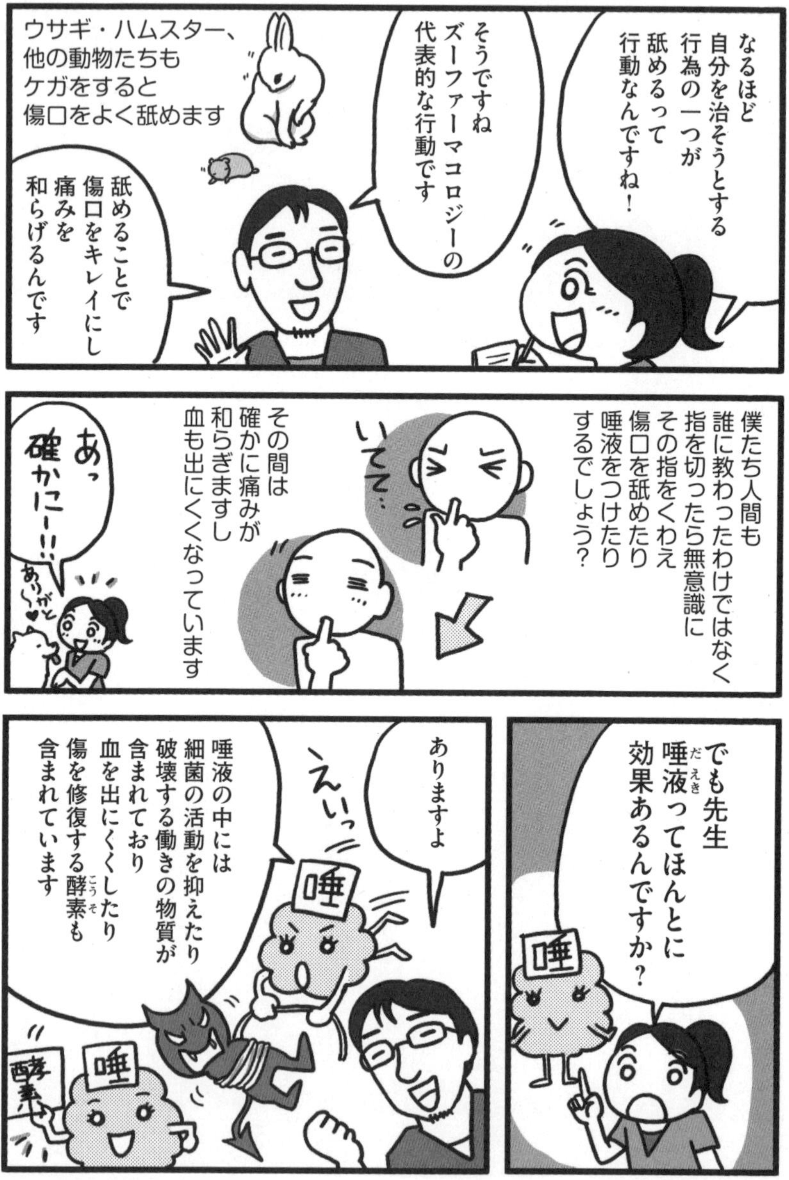
なるほど 自分を治そうとする 行為の一つが 舐めるって 行動なんですね！
そうですね ズーファーマコロジーの 代表的な行動です
ウサギ・ハムスター、他の動物たちも ケガをすると 傷口をよく舐めます
舐めることで 傷口をキレイにし 痛みを 和らげるんです
僕たち人間も 誰に教わったわけではなく 指を切ったら無意識に その指をくわえ 傷口を舐めたり 唾液をつけたり するでしょう？
いてて…
その間は 確かに痛みが 和らぎますし 血も出にくくなっています
あっ 確かにー!!
ありがと〜♥
でも先生 唾液《だえき》ってほんとに 効果あるんですか？
唾
ありますよ
えいっ
唾液の中には 細菌の活動を抑えたり 破壊する働きの物質が 含まれており 血を出にくくしたり 傷を修復する酵素《こうそ》も 含まれています
唾
酵素

へえ～ じゃあケガしたら バンバン 舐めちゃえば いいんじゃ ないですかぁ
舐め合おう チョコちゃん！
あ それは 何かイヤ
ところが
傷を治すはずの唾液が 時には傷を悪化 させてしまうことも あるんですよ
唾
バ
悪い友達…
唾液には 治す物質とともに バクテリアも 含まれており このバクテリアが 問題を起こすことも あるんですね
また 舐めすぎによって 炎症が起き 皮膚炎や脱毛が 起こったり…
え～～
でも これって 現代病というか 人間と暮らす ペットだけの 問題なんです
舐めすぎが 現代病？

野生の動物たちは
敵に襲われないよう
常に危険と隣り合わせ
ドキドキ
こわいわ〜
えさー
えさー
めし〜!!
生きるために
餌を探さないと
いけない忙しい毎日を
送っています
ところが
僕たち人間と暮らしている
ペットは
くはー
かはー
はー
今日は何〜しよ〜かな〜
敵に襲われることもないし
餌の心配もなく
暇がたっぷりあり
好きなことができますね
ネコに
舐められたことは
ありますか?
はい〜
舌が
ザラザラしてる
でしょう?
ざら
あ〜
あの舌で
舐め続けると
皮膚《ひふ》は炎症を
起こしてしまいます
あれー
へんだよ…
また自然ではありえない
手術など、人間が行う治療を
動物は理解できませんよね
手術で
傷口縫合《ほうごう》した糸を
異物と思い
とってしまおうと
必死に舐めたりもします
あれれ?
糸が取れて
ぱっくり…
このように
舐めすぎは治すどころか
悪化させることになります

でも何で
そんなに
舐めるのかなぁ
暇があるネコは
好きなことをするんですよ
好きなこと＝舐めること
眠る前に手を舐め
目を覚ませば体を舐め
ゴハンの後も体中を舐め
何かする前と後に
とりあえず舐め
まず
なめて
からね
時間が
ありすぎるのが
現代病ですねー
高い所から
ジャンプして
落ちたとき
あ…
虫を捕まえるのを
失敗したとき
あはは
照れ隠し
怒られたときにも
舐めますよね
こらーっ
心を
落ち着かせる
作用もあるん
でしょうねぇ
猫ってば〜
かも
しれませんね
舐めるのを見るのも
心が落ち着きますね
心身ともに
ケアされてる
ような…
何?
あっ
…
もしかして私
ズーファーマコロジー
されてますか!?
えーと
それは
ただ心が
癒《いや》されてる
だけなので
違いますねー
使い方が
違うんですって…

ハムスターは毎晩20km近く走る

みなさん こんにちは 獣医師見習いの 浅《あさ》香《か》マリです！
今夜は クリニックで お泊まり なんです
飼い主さんと 話し込んでいたら 終電がなくなって しまって…
それでね
キャー かわいい～
あ
あと入院中の ウサギの サブちゃんが 気になって いたんですよ！
サブちゃん まだ起きてるの？ さっきあげた スペシャルゴハン 美味しかった～？
じゃ 電気消すね
…カラ…カラ カラカラカラ… カラカラカラカラ
何…？ この音
パチッ
あれっ？ 止まった
消すと…
…カラ…カラ カラカラ カラカラ
また音が する～っ！
つけると
パチッ
止まった！
消すと…
…カラ…カラカラカラ カラカラカラ
音が する～！

翌日
それ
コマちゃん
じゃない
ですか？
病院で
飼ってるハムスター
↑デブ。
カラカラカラ
たしかに
その音…
でも昼間
全然動かない
コマちゃんが
まさか…
ころ
ころ
ころ
↑デブだから寝てばかり
↑デブだから動かない
暗くして
みましょう
パチリ
カラ
カラ…
わぁあ
ほんとだ
回し車を
使ってるの
初めて見た〜
げっ歯《し》類は
必須アミノ酸と呼ばれる
栄養素をバランスよく
摂《と》らなければ
ならないんですが
彼らが食べている
穀物《こくもつ》には
それが少量しか
含まれてないんです
必須アミノ酸少
それで大量の穀物を
食べるのですが
そうすると
脂肪・炭水化物
など他の栄養素を
多く摂りすぎて
しまうんです
タタ
脂肪
炭水化物
野生のハムスターは
餌を求めて
一晩に20km近く
走り回るので
そのエネルギーは
発散されます
人に例えたら
毎日ウルトラマラソン!!
でも
ペットのコマちゃんは
餌を求めて
走る必要がない

走らないので発散されないエネルギーが溜まるというわけですね
なるほど～
だから発散するため夜中に走ってたんですね～！
昼間走りなよ ビックリしたよ
もう～
ほっといてよ!!
ハムスターは夜行性ですからねぇ
ハムスターといえば朝一番に例のコがきますよ
わ あの 何か出ちゃってるアレですね
でろ～ん
出てる
出てますねぇ
出てますよ
このコどうしたんですかぁぁ
飼い主
何か出ちゃってんええぇ
大丈夫です これは頬袋脱《ほおぶくろだつ》といって
頬袋脱とは！
口に詰め込んだものを取り出すときに頬袋に引っ掛かり反転し餌と一緒に口から飛び出してしまったもの
そのまま出しっぱなしになると傷ついたり腫《は》れたりしてしまう
よくあることなんです

応急処置は濡《ぬ》らした綿棒でそーっと押し戻してください
今回は早い発見なのでこれでOK!!
もどったよ
それだけでいいんですか
バンバン
ん?
バンバンっ?
わ…私じゃないですよぅ
あ もう一回教えてください綿棒を?
バンバン
ん?
私じゃないですって…
あっ たぶん入院してる動物が〜見てきましょ!
なんだ君か〜
あ〜何ですか?
サブちゃんです

ブブブ
入院しているウサちゃんなんですよ
あら…
ブゥブゥ言ってるけど何か訴えてるのかしら?
ウサギは声帯を持たないため大きな声を出すことができないんですよ
そのため野生のウサギは天敵(鷹《たか》・狐《きつね》)を見つけると仲間に危険を知らせるため後ろ脚《あし》で地面を踏《ふ》み鳴らすんです
バン
これがさっきのバンバンね
おお!
「スタンピング」といいます また、怒るとブーブーと鳴いたりします
ちなみに…
ウサギの移動はジャンプ。
鍛えられた後ろ脚で、時速 80km を出せるとか!
サブちゃんは警戒《けいかい》したのでしょうか?
ブーブーとかバンバンとか…!!
いえ ペットのウサギがスタンピングするのは好き嫌いや不満があるときなんですが…
何か不満でもあったかな?
きゃーっ!

う
ウンチ…を
食べてるぅぅ
あ
全部のウンチを食べてるわけじゃないですよ
この溶けたチョコみたいなものだけ…
盲腸便
ふつう便
これは盲腸便《もうちょうべん》といい食べるためのウンチなんです
これとはちがいます
盲腸便には多くのタンパク質ビタミン微生物が含まれてるんですよ
栄養
まぁ栄養たっぷりなのね
じゃあお世話になりました~
ウサギも面白いわね~
ハムスター
…ところでサブちゃんは何が不満だったんでしょうね
あっ餌箱がひっくり返されてる!
えーと昨日何かしました?
はいっ
夜
元気がないんでいつもと違う健康フードをあげてみたんです
!!
へんなフード!!
そのフードが嫌いだったみたいですね
ちょっとちょっと一緒に泊まった仲じゃないの~!
お前キライ
ブーブー
グルメねえ~い
いつものフード

ウサギはグルメ？

ウサギは、舌の表面にある
味を感じる器官
「味蕾《みらい》」が、
人間の倍以上あるので、
実はとってもグルメなんです。

味蕾が多いほど、
味の違いがわかります。
だから、人間には同じように見える
ペレット(ウサギ用フード)の
微妙な味の違いがわかるのです。
ウサギに好き嫌いが多いのは、
そのせいだったんですね。

第2章

動物園での不思議な治《ち》療《りょう》と飼育

動物園の獣医《じゅうい》はやることが多すぎ！

先生
動物病院って
こんなに忙しいもの
なんですねぇ
なんかメゲそう〜です
まぁ
暇なときも
ありますけどね
そんな時は研究や勉強を
あっ
動物園って
どうなんですか?
先生は以前
動物園で獣医《じゅうい》を
していたのです
ええと
そうですね…
僕が勤務していたのは
森に囲まれた動物園で
動物園の朝は
通勤から
始まっている
あっ
キツネの足跡《あしあと》
数年前の先生
熊の足跡を見つける事もい
鳥の羽と血…
これは昨晩
とったーっ
やられたーーっ
だったん
だろうなぁ
自然豊かな動物園で
周辺でも動物たちが
暮らしていたんです
…などと
昨晩の出来事を
想像しつつ
動物園へ
サク
サク
かんじき
雪が40cmも
積もる所…

出勤すると まず入院している 動物たちに 挨拶に行きます
おはよう 少し良くなった かな？
おはよー
そして 朝礼
え～ 本日は イベントが ありますので
はーい
ガオォ
園内を 巡回します
おーす
動物に会うのは もちろん 担当者から 症状を聞いたり コミュニケーションを とることが重要です
あのう～
最近 サナエが くっついてきて 大変なんです
え…
サナエ もしかして 彼に恋を…？
そーなのかァ…
動物が飼育員に 恋をするのは よくある事です
くるしいの…
そうか～ チンパンジー のオスじゃ ダメか
ほらあいつとか…
ん～？
話に ならないわ
特に発情期に 見受けられ ます

巡回に行くと歓迎してくれる動物
おはよう～
あ～
せんせー おはよーー オヤツ ちょーだい
ちょっと だけですよ
こっそり あげている
歓迎してくれない動物
おは…
ギャー
ギャー
あいつだ
あいつ 何かするぜ
こんなのとか 刺してくるぜーーッ!!
あいつだ!!
気をつけろーッ
僕が治療をする人だと覚えられているのです
くるな あっちいけ
ギャーギャー
痛いの キライ!!
今日は 何もしないってば …今日はね!
ふふふ 獣医だぞっ
ぎゃーぎゃー
くるなーっ やめろー
その他 入院動物の世話 人工保育の動物に ミルクをあげたりします
いい子だ～
オランウータンの春ちゃん
ポーン
おっ そろそろお昼かな

さ〜
お昼ご飯……
あっ
あ〜
おはよ〜ス
むくり
※キーパー室の主
前田くん
※準備室。待機したり、調べものをしたりするスタッフの部屋
また泊まったんですか
はい〜
チャコと
ユウと
ミドリが
心配で…
レッサーパンダ
キツネ
クマ
…とかいいながら
自分の部屋のように
いろいろな物を
持ち込んでるんだよな……
俺も昼飯食おう
前田君も
さりげなく
参加
私物の数々…
お前
住み込んでる
みたいだな
スタッフは
事務所や
このキーパー室で
昼食をとります
午後は……
ウマの調教
よーし
もう一回!
はーい
動物の収容
掃除
スタッフの代理当番
あ午後休み?
じゃあ代わりますよー!!
動物園将来計画
獣舎設計
展示法立案
来計画
ちょ
ちょっとちょっと
先生!!

先生って獣医ですよね⁉
現在のクリニック
はい…
何でウマの調教とか獣舎設計までしてるんですか！
いいぞ！
いや〜何でもやらないといけなかったんですよ
手術と治療はもちろん
だいたい午後から
イベントがあれば企画、準備チラシや看板作りそして出演も…
ポスターどうですか？あとチラシ…
残業は当たり前徹夜になることも多々…
ついでにクレーン免許も持っています
ウィーン
動物をクレーンで運ぶことが結構あるので…
とっちゃいました
ひゃーっそそこまで⁉
それに比べたら忙しくない気がしてきました…
メゲてる場合じゃない！
がんばりま〜す！！

助かる動物、助からない動物

おはよ～
エサづくりスか!!
何故彼がボンボンと呼ばれているかというと家が裕福で毎日タクシー通勤しているからなのでした
ちょっと若い北澤先生
まいどー
便利なんスよね～
そんな彼が獣医になりたい理由とは…
動物が好きなんッスよね～
危険なクスリに見えますが…ただのビタミン
シンプルな答えなのであります
そんな純粋(?)な彼は…
かわい～ス
食うか?食うか?
いらないよ
これ俺《おれ》が助けるッス!
死にかけたネズミ
…と言って動物を拾ってくるのですが

今回はヘビ
シマヘビ
えっ それを 助けるの
はいっ 人に嫌われがちな 彼らですが 俺にとっては 同じ命ッス！
どうして彼らが 嫌われているか…
外見の せいも ありますが
動物園では 鳥や小動物などを 食べてしまうので 困っています。害獣として 対策はしている のですが…
!?
オリのすきまから入る
うわぁ〜っ
噛《か》まれたんスけど
どうすればっ
シマヘビは よく噛みます

これに手をそのままつけてごらん
水を張った洗面器
あっ取れたッス！
プハ
苦しくなって離すんです
ちなみにシマヘビは無毒蛇
無毒蛇なら噛まれても問題はありません
ガぷ!!
但しヘビの牙に付着していた細菌が体内に入ったりすると体が腫《は》れることもあるので要注意
日本の
陸上の
かまれるとヤバイ
毒ヘビ3
マムシ
ハブ
ヤマカガシ
この3種類以外はほとんど無毒。
うん車に轢《ひ》かれたんだな
もう大丈夫だぞ！手術してやるからな！
聞こえるかぁ
あ〜
いや…たぶんそれはもうダメかと…
今…水につけちゃったし!!
うーんうーん
すでにダメかも…

その後…
ヘビ…
死んでしまったッス…
やっぱり…
ヘビをはじめ野生動物を助けるのは難しいのです
人間に捕まるぐらい弱っているということはもう助からないと言っていい状態が多いんです
彼は反省ノートをつけ勉強していました
"救えなかった命は忘れるな"
たとえそれが害獣といわれている動物でも同じ命なのだと彼を見ていて改めて思ったのでした
うううう…
そこまで思っていたのか…
しかし数ヶ月後には
先生〜〜きいて下さいッス
大事な小鳥をアオダイショウに食われたんですよ!
アオダイショウ
無毒蛇
ちょっと捕獲《ほかく》を手伝ってきます!
立場が変わると容赦《ようしゃ》ないんだね…

そんなわけで彼はさらにたくましくなっていったのです
こら、お前食ったな!!
食べて腹がふくれてオリにひっかかるヘビ
そして現在
わぁ〜っ
うんなつかしい…
ちょっと傷を消毒したらすぐ元気になってきたーっ
カーッ
マリちゃんそのコ大きなケガはしてなさそうですよ
えっ
たぶん木から落ちてビックリしていたのでは…
あぁまだ子供ですね
ここはどこ?
元いた場所に帰してあげるといいですよ
野鳥のヒナは安易に拾ってきちゃダメ!な話
巣立ち直後のヒナはあまり動きません
なので落ちていてもすぐ持ち帰らないよう!
元の場所に帰るには…
親鳥はヒナの近くに人がいると警戒して近づけませんすばやく離れてあげてくださいね!
あっ
あ〜
サーッ
よしっ
HAL
しかし…こういう治療代は誰が払ってくれるんだろう…
まあ今回は消毒だけだけどさ…
そうね〜
…とちょっと複雑な気持ちになりました

先生はトップスタイリスト？

あのウマたち！毛が汚いというかむさ苦しいというか…
もさ
もさ
ウマ…ポニーですね
あぁ確かにそろそろ毛刈《けが》りしないといけませんね
じゃあやりましょうか
よっトップスタイリスト！
何ですか
北澤先生はカットが上手いんですよ！独創的で
まずはタテガミを切り揃《そろ》えます
そして三つ編み！
ちょいちょい
仕上げは前髪を揃えて…
パッ
おかっぱにして可愛い女の子の出来上がりです
おぉー
さっぱり

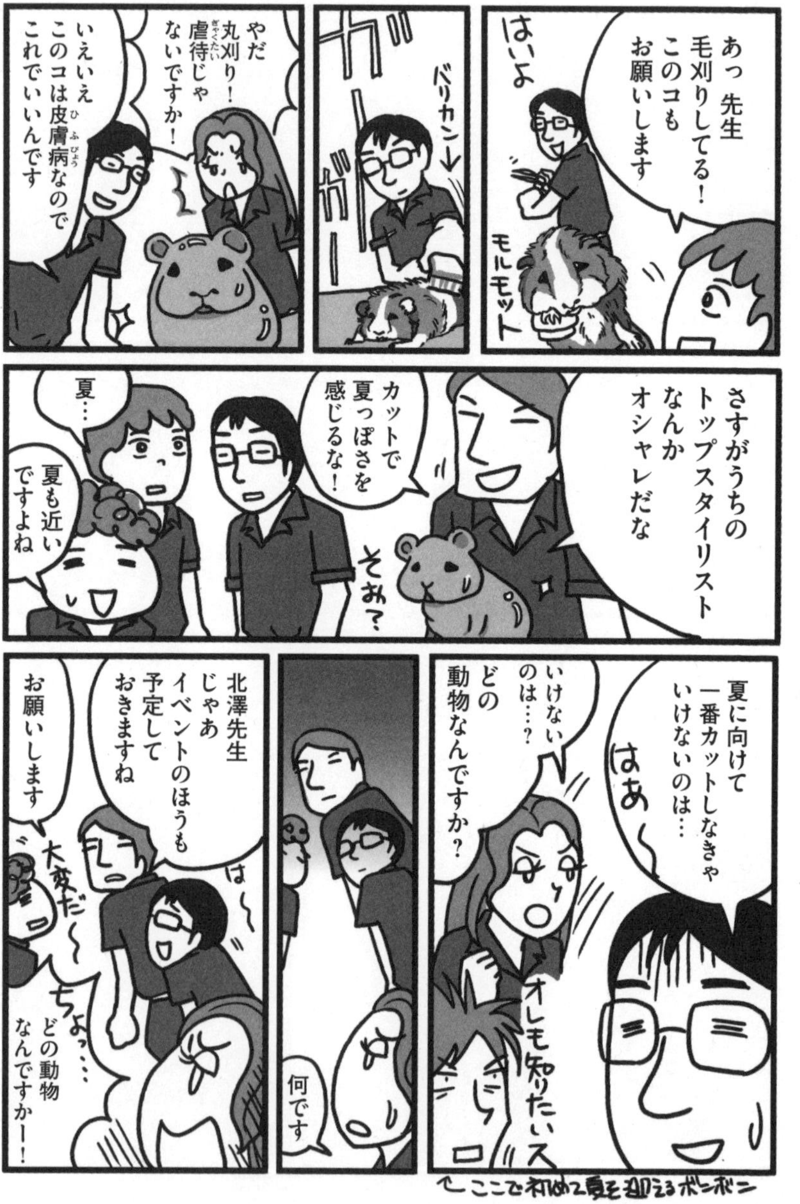
あっ 先生 毛刈りしてる！ このコも お願いします
はいよ
モルモット
バリカン
ガー
ガー
やだ 丸刈り！ 虐待《ぎゃくたい》じゃ ないですか！
いえいえ このコは皮膚病《ひふびょう》なので これでいいんです
さすがうちの トップスタイリスト なんか オシャレだな
そお？
カットで 夏っぽさを 感じるな！
夏…
夏も近い ですよね
夏に向けて 一番カットしなきゃ いけないのは…
はあ～
いけない のは…？ どの 動物なんですか？
オレも知りたいス
←ここで初めて夏を迎えるポンポン
何です
北澤先生 じゃあ イベントのほうも 予定して おきますね
は～
お願いします
大変だ～
ちょっ… どの動物 なんですかー！

みなさん
こんにちは～
本日の子ども広場
動物園
春のイベント
羊のカットショ
なーんだヒツジね…
そんなに必死にカットしなくても平気そう…
出番待ち
ダメです！
彼らはカットしないと死んじゃうんですよ！
死ぬ？
おおげさなー
毛をとるために品種改良されたヒツジは毛が抜け変わりません
抜けない‥
真夏のセーター
そのため毛刈りをしないでいると35℃を超える真夏に分厚いセーターを着ていることになるからです
暑そ～
あぁ
それは確かに危険ですね
では北澤《きたざわ》先生お願いしまーす！
はいっ

では
ヒツジさんの
毛を刈って
いきますね～
重さ約2kg
←ヒツジ用バリカン
ガー
ガー
ガゥ～
胸と腹
腿、背中
首
背中
ほぼ20分で終了
さっぱり
熟練職人《じゅくれんしょくにん》は
1頭あたり
1～2分で
終わって
しまいます
パヌ
パヌ
僕はあくまで自称
トップスタイリスト
なので20分なんです
←汗びっしょり
ふらふら
お疲れさま
です～
毛刈りって
大変ですね
効率悪そーですし
もっと
どうにか
できそう
ですけどねぇ
幅広バリカンとか…
できますよ

どんな風にですか？
どーせたいした事じゃないと思いますけど
はい これからは刈るのではなく「脱ぐ」時代になるんですよ
毛を脱ぐって!?
皮を…!?
っていうか刈らないと死んじゃうんですよね!? 酷《ひど》くないですか!? 虐待《ぎゃくたい》じゃないですかっ!?
こんな方法が発明されたのです
薬剤を注射する
ちう〜
ネットをかぶせる
やき豚 ひつじ?
しばらく放置
そして!!
ネットを脱がせると毛も一緒にキレイに脱げる
ペロリ
ネットにくっついてる
抜けたところからはすぐまた毛が生えてきますし副作用もありません
ステキですね…
やだ やってみたい〜っ

これを開発したのはヒゲタ醤油《しょうゆ》なんですよ
えっ
なっ何で醤油メーカーが!?
ヒツジの毛刈りは大変な重労働ですよね
あ それはよーくわかりました
ヒツジにしてみたら刈られる際に傷ができたりそこから病原菌に感染して死ぬこともあるわけで…
きゃ
オーストラリアでは大きな問題だったんです
うん
こまったね
Australia
そこでヒツジの毛の成長を一瞬止めて毛が切れたところでめくるように脱がすというアイディアを思いついた人がいました
あっ そうだ
1986 年にノーベル医学生理学賞を受賞したアメリカの生化学者スタンレー・コーエン。彼が発見した EGF(Epidermal Growth Factor) を注射すると、毛の成長が止まる
ところがこの薬はとても高価で1頭分150万円もしたんです
えっ高い!
薬
150万円
えっ
そこで「タンパク質の培養《ばいよう》」の研究をしていたヒゲタ醤油にEGF（上皮成長因子）の培養を依頼したんです結果、1頭分100円まで値段が下がったそうですよ
なるほど〜
それで醤油メーカーが関係してたんですかぁ!
150万円
100円

というわけで頑張って刈りましょう！
えっ その薬を使えばいいじゃないですかっ！
使用許可がおりていないので使えないんです
さぁ！
バリカン
ちょ なんで私がメンバーに入ってるんですか!!
…といいつつやってしまう麗華さん。
けっこう面白いわね
さすが園長の娘さんうまい！うますぎる！
え そぉですか？
すごーい
はいっ次のヒツジやりますよ〜っ！
どんどんやりまーすっ
やっぱり彼女おだてられると何でもやっちゃう体質っぽいですね
動物飼育者は人間育成もちょっと得意なのかもしれません…

モテるために必死な男（オス）たち

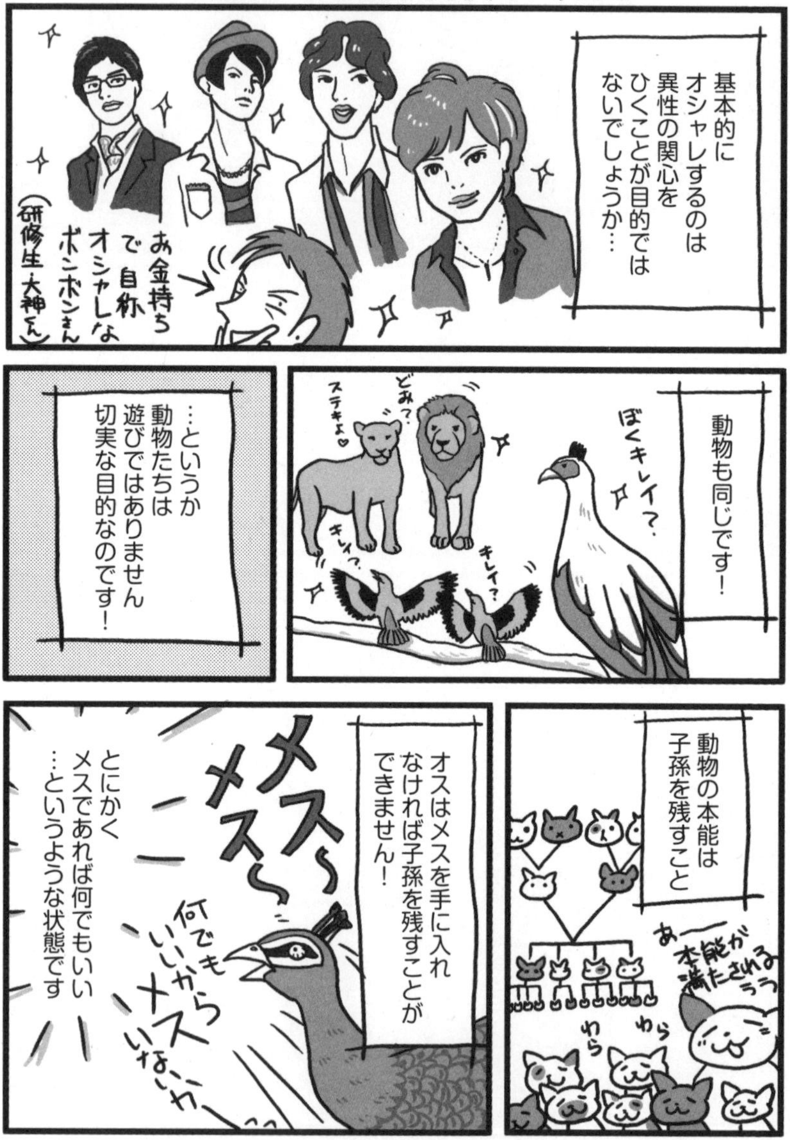
基本的にオシャレするのは異性の関心をひくことが目的ではないでしょうか…
お金持ちで自称オシャレなボンボンさん
（研修生・大神くん）
動物も同じです！
ぼくキレイ？
どお？
ステキよ♡
キレイ？
キレイ？
…というか動物たちは遊びではありません切実な目的なのです！
動物の本能は子孫を残すこと
あー本能が満たされるぅぅ
わら
わら
オスはメスを手に入れなければ子孫を残すことができません！
メス～
メス～
何でもいいからメスいないか～
とにかくメスであれば何でもいい…というような状態です

しかしメスは優秀な遺伝子を残したいと願うので…
よりキレイで
より強そうで
よりエサをとってきそうで
オスの中からさらに優秀なオスを選抜しないといけません
そこでオスは選抜してもらうため目立つために着飾るのはもちろん…
ぼくの方が羽が大きいよ!!
ぼく発色いいでしょ!!
うーん…
より優秀だというアピールでより美しく着飾る…と、いわれています
クジャクなどそうですよね
うちの動物園内でも…
飼育員山本さん→
あぁ～あいつかなり嫌われてないッスか
あ…あの来ないで!! きらい!!
そうそう貧弱すぎるせいかどうもモテないんだよな

なんだか感情移入しちゃうよな
俺も独身だぞ!
しょぼん…
キレイじゃないとダメなんてなぁ
キレイじゃない鳥のほうがメスにとって都合がいいかもしれないんですけどね
はぁ〜
地味なオスの鳥は子育てをする場合が多いのです
ここだけ赤色
黒
クロエリハクチョウ 一夫一婦制。約1年、父が子を背に乗せ守ってあげる
子育てする鳥かしない鳥か簡単な見分け方
羽の色が派手なオスは子育てしない
クジャク
オスとメス外見が異なる雌雄異型
おしどり夫婦といいますがオスは子育てしない!!
オシドリ
ツバメ 親が交代でエサを運ぶ
羽の色が地味なオスは子育てに参加します
コウテイペンギン オスも卵を温める「世界で最も過酷な子育てをする鳥!!
他の動物の場合
ライオン
メスだけ子育て
獲物かしら?
お父さんは何もしないよ。
すぴ〜くか〜
ゾウアザラシ
ヘタするとケンカして自分の子を押しつぶして殺しちゃう!!
みんなオレのメスー
ほとんど母親が子育てを担い父親は協力しません。哺乳類《ほにゅうるい》たちで父親が子育てに関わるのは5%程度だといわれています

そんな中
頑張ってる
イクメン動物たち
…の、変わった子育て いろいろ
クマノミ
オスが自分の口で子育て
はいってます
タツノオトシゴ
育児嚢《いくじのう》と呼ばれる袋でメスが産んだ卵を保護し育てる
いくじのう
ヨザル
子育てのほとんどを父親が担う。母親は授乳だけ
アメリカタガメ
150個の卵を背負い孵化《ふか》するまで守る
コヤスガエル
オスが卵に覆い被さり守る。乾燥を防ぐため自分の尿をかけたりして数週間守り続ける
コヤスガエルの卵 オタマジャクシでなく出てくる時はもうカエルの姿。
最近 人間界でもイクメンが流行りですがオスが子育てしてるのってほのぼのしますよね
えーそースかー
これも一種の気をひく作戦かも…
そうやって女性（メス）の手のひらで転がされてしまうんでしょうねぇ
オレは転がされたくねーッスね
フフッ
あ ほら 猿山でも…

猿山でボスに
なろうとした
タロウ
猿山のボスに…
オレはなる!!
メスの支持を得ようと
アレコレ画策して
ましたね
よろしく
よろしく
そうね
えさプレゼント
よろしく
よろしく
頑張って
たよなぁ…
ボスになるには
メスの支持が
絶対必要なんです。
頑張ったタロウは
メスたちの支持を得て
ボスになれたのでした
キャー
タロウ
キャー
すげー
大変だった
けど～…
オスは
強いだけでは
ダメなんです
やはり
強いのは
女なんスかね
このまま
強くなれば
オスなんて
いらなくなるのかも
女を中心に
動物はまわってる…?
そんな
男なんていらない
出来事が
発表されましたよ
お
男がいらない!?
え!?
イギリスの動物園で
飼育中だった
コモドドラゴンのメス2頭が
オスと接触がないまま
産卵をして孵化!!
えええ
どういうこと
ッスか!?
つまり
交尾をしないまま
メスだけで繁殖した
…ということです!
ひえ～!
私たち
男なし
でいいのよ

メスだけで子供を作ることを「単為生殖」といいます。ゾウリムシなど単細胞生物のイメージですが…
約0.2ミリ
かなりちがいますね
2m
体長2mを超える世界最大のトカゲコモドドラゴンが行ったというのは驚きでした
そして哺乳類でもクローン技術という人間の手を介することによりヒツジ、マウスなどで単為生殖が行われています
近い将来「男」はいらなくなったりして…
NO!!
ただでさえ男の価値が下がっているのにっ！
独身→
我々地味目な男が生き残るにはもうアレしかない…
イクメンになることとっ！
とか
のように!!
あ
でもその前に女性とカップルにならないと…
わ
やべーよ!!
俺もっと着飾って興味ひくようにするっス！
既婚者→
人間も動物も子孫繁栄は難題なのかもしれませんね

草食系？　それとも肉食系？

動物の目は、食べ物によって
目の離れ具合が変わります。
もしかしたら、人間にも当てはまるかも…？
●目と目の間隔が広く、顔の側面についている
→草食獣のシマウマタイプ
目が離れていると視野が広いので死角が少なく、
頭を回さなくても周りがよく見えます。
ご飯を食べながら周囲を警戒できます。
敵が来たらすぐに発見して、
ただちに逃げることができるのです。

●目と目の間隔が狭く、顔の正面についている
→肉食獣のライオンタイプ
目が正面にあると視野は狭く、周りを
見るために頭を動かさなければなりません。
その都度、食事を中断することになります。
しかし、物が立体的に見え、距離感が
つかみやすいので、獲物を狩りやすいのです。

いかがでしたか？ 周りの人を思い浮かべてみると、
おもしろそうですね。
ちなみに僕の目はシマウマタイプ、
妻はライオンタイプです。
どうりで僕は本能的に、妻が視界に入ると
ついつい逃げちゃうことがあるんですよね…。

第3章

動物園勤務は命がけ!?

命がけの爪《つめ》切り

はい
おしまいです
おわり？
もう痛くないね
良かったね〜
メインクーンの
タマコちゃん
何か
いたいの
脚が痛そうだというので
診察してみると
肉球に爪《つめ》が
食い込んでいたのです
というわけで
爪切り
しました
食い込み
刺さって
ます
よし
切りましょう
はぁ…
いいコ
でしたね
爪を
切ってる間
ゴロゴロ喉《のど》を
ならして
ましたし
メインクーンは
「穏やかな巨人」
という愛称を
持ってるんですよ
大きくて穏やかな
性格だから
タマコちゃん
11.8kg
まさに
そんな
感じでした！

ん？
大きいネコ…
…といえば
トラ
よんだ？
先生
トラってネコの
仲間ですよね
そうですよ
でも
まさか
爪切りなんて
しませんよね
しましたよ
ひぃぃぃ
トラの
あ、そうか
麻酔かけるん
でしたっけ
ライオンとか
危ない
大型動物は～
はい
でも
危ないときが
ありました…
そのトラは
今回のネコちゃんと
同様で…
いてて…

同僚《どうりょう》の山本さん
うん これは爪だね
へんだな～
うわ マジっすか
ということは やるんですね
そだね。
昔の先生
僕《ぼく》 行きますよ
んじゃ 俺ドア係やりましょう
爪を切るだけですが 全身麻酔《ますい》をかけます
ぷしゅ
ん？
これで 麻酔が かかります
麻酔が かかってるか 確認
キィ…
ドア係が扉を開け
うん 大丈夫そうだな
い 行きます！

よし
大丈夫…
ツン!
次は…
そ~
しっぽを掴《つか》んで
力が入っていないのを
確認します
くいっ
よし
大丈…
ん?
ぴく
あわわわ
おっ
まだ麻酔が
甘かったか
バターン
あっっ
ちょっと~
まだ僕が
出てませんよー!
ドア係の仕事は
トラを逃がさない
ことだ
それが
第一!
はー
あぶなかったー

いやいや その前に 人命――っ!
はっ
ぱち…
いやぁあぁあ
ボー
そのまま! そのまま 眠って〜〜!
むふ〜…
コテ…
助かったー! 麻酔が効いた
彼はそのまま寝てくれたので引き続き…
大きいニッパーみたいな爪切り→
爪切りの他 採血したり 体重を量ったり 健康チェックをします
体重測定
板を体重計にのせる

こ…怖いですねぇ
びびる現在のマリちゃん↓
もし麻酔がかかってなかったら…
なつかしーな～
死にますねぇ
ひぃぃ
例えばネコがやるネコパンチ…
あれをトラから一発でもくらったら…
ベリッ
あっ
肉
肉をそぎ落とされながら倒されます
いやな攻撃…ですね
ちなみにトラの爪
若いうちは自分で爪とぎするので爪切りは必要ありません
ガリガリ
歳をとると動くのが面倒なのか爪とぎをしなくなるんですね
いつでもゴハンあり。
また動物園で飼われているので餌を探す必要もなく寝てばかりなので爪は伸び放題になりやすいんです
でも歳《とし》とってても殺人パンチしますからね
麻酔は必要なんですよ
パンチ…くらいたくないですもんねぇ…

一番痛かった思い出…

先生はよく噛《か》まれる
いててて よーし 注射しちゃおか
あっ
がぶりノ
あはは 元気だね～ マル君
か…噛みますよ
いっ 痛そう…
平気ですか? 噛んでますけど…
噛まれた時は引かない!
★37ページ参照…
もしかして 噛まれるのが 好き… なんですか!?
変な…趣味!?
好きじゃありませんっ!!
動物園でも よく噛まれて ましたが…
あっ
一番痛かったのは どの動物ですか?
やっぱり 肉食動物 ですよね?
いいえ ズバリ草食系…

シマウマです
ほのぼの
え〜っ
何でですか?
牙はないし尖《とが》ってない
平らな歯ですよね
シマウマは
動物園で
飼われていても
人には懐《なつ》かないんです
なので
麻酔《ますい》が難しく
きゃーっ
逃げろー
ヤリ型麻酔
麻酔銃
麻酔できても
興奮しすぎて
なかなか
効かないんです
ギラ
何すんの!!
ギラ
それで
麻酔が
効かないまま治療《ちりょう》を
することになり…
カプッ
あーッ
シマウマ・アスカに
お尻を噛まれたー!!
(この話は後程)
何故痛い?
シマウマは
上下の歯がそろっている
(ウシ・ヤギは上の前歯がない)
草を噛み切る力あり!!

ちなみに肉食系の動物は本気で噛まれたらやっぱり痛いです…というか死にます
そうですよねー
ライオンのシーザー
なぜ噛まれないかというと…
なんすか
よーしシーザー治療するぞ！
麻酔銃
プシッ
吹き矢の麻酔
ぴゅっ
よし今のうち!!
ガ〜ガ〜
近づく際は必ず麻酔をしてるからです
あぁなるほど〜
動物病院だとハムスターとかよく噛まれてますよね
いつも…
体が小さいので麻酔はできないし体を強く押さえることも難しいんですね
NO!
ぎゃっ
NO!
そういえばこの間も…
ププ

先日の治療で…
うぅ～
脂汗
せ
先生頑張って
噛まれてるけど
今動かすわけには
いかないですし！
いたそー
噛まれたまま…
血ガ!!
無事に
終わりましたよ
はい
つかれた…
ありがとうござ…
ん?
きゃ～！
ポコちゃん！
血だらけ!?
先生
ポコちゃん
何でこんなに
出血したん
ですかぁぁぁ
え?
あ?
もう帰っても
いい?
あの…
それ…
僕の血です
へっ
先生の?
はい
ポコちゃんに
噛まれ続けてて…
ココ

ハムスターより先生の傷のほうが酷《ひど》かったんですよね
ププ…
確かに…
でも動物は何で噛むんでしょうか？
噛む理由としては…
怖いよ～っ
ガブッ
恐怖による
やめて、近づかないで、あなたが怖い
痛っ
痛みによる反射
痛いところに触れさせないために
痛みを感じると反射的にかみつく
ガブッ
おれが上だぜ
ガブッ
支配性による攻撃
自分の方が立場が上、えらいと思っているので、従わせるために噛む
でもやっぱり噛まれたくないですよね
ふう～…
もちろんです先生じゃないんですから
もぉ～先生は噛まれるの好きだからいいけど～
いや僕も噛まれたいわけじゃないですよ
じゃあ噛まれずに治療するにはどうするかというと…

1．飼い主さんに手伝ってもらい安心した状態で治療（押さえつけない）
だいたいこの方法です
動物の性格をよく知る事が必要です
2．固定、押さえつけて治療タオルに包む、袋に入れる、力によって押さえるなど
洗濯ネットとか
3．口輪をつけて治療
かめませんよ
4．鎮静《ちんせい》や麻酔をかけて治療
治療がしやすいのは4の鎮静ですがこれは動物に対して一番ストレスがかかるもので死に至る場合もあり最終手段ですね
ちょっとリスクありますよね
それよりは軽いですが2と3でもストレスがかかります
じゃあ1の飼い主さんが手伝っておとなしくさせるのがいいんですね
はいストレスは少ないです
…でも
みんなが噛まれるリスクがあるんですよね
ガブ
いてよ
ガウ
きゃー
くるなよ!!
ぎゃー
ちなみに僕の治療方針は…噛まれても痛くても自分の傷が2日で治りそうなら押さえこんで治療
それ以外はその動物の体調によって押さえこむか鎮静かを決めてますね
傷を負う覚悟で…
は〜
だから先生いつも傷だらけなんですね…
はい…

冬の動物園であった意外な治《ち》療《りょう》法

※類人猿とは、チンパンジー、オランウータン、ゴリラのことを指す

人の風邪は類人猿※にうつるから!!
近くにカゼの人がいれば……
ゲホゲホ
カゼをひく。
※チンパンジー、オランウータン、ゴリラには確実にうつります！
それに類人猿たちは信頼してるスタッフの言う事しか聞きませんから担当が休むと大変なことに…
そうなんスか
…って
北澤《きたざわ》先生鼻水出てないスかー！
えっ あ 本当だ
ひぃぃぃ
近よらないで下さい
類人猿たちにうつしちゃいけないから…
ひとまず担当を変わってもらいましょう
う〜
マリリンはよろしくボンボン
現在担当してるチンパンジー
じゃー亀みてきます
えーっ俺《おれ》っスか〜！

先生
風邪っぽいそうですね？
自己管理できてないですねーっ
ええ
まぁ…
鼻水出てるだけですが
園長の娘
麗華さん
…て
何してるんですか
このカメ
元気なくてね
ほんとだ
確か
暖かいとこの
カメでしたっけ
そう
アフリカに
生息してる
リクガメですよ
つんつん
彼らの体は
脂肪《しぼう》が
少ないんです
あら
それは寒そう
甲羅《こうら》の下は
すぐ内臓《ないぞう》で
体に熱をためる
という機能は
ないんですよ
内臓
そこで！
そこで…？

寒いから
お風呂に
ホカ
ホカ
えーっ
そんなの
アリ
なんですか
こんな治療《ちりょう》
聞いたこと
ないですけど〜っ
あっ
元気に
なってきた
ぱた
ぱた
あっ
ウンチ！
ぽこっ
温まって
胃腸が
動き出した
のですね
次はフラミンゴに
行きますが
手伝えますか？
オッケー！
手伝っても
いいですよ！
あのコです
ん？
なんか
左脚に…？

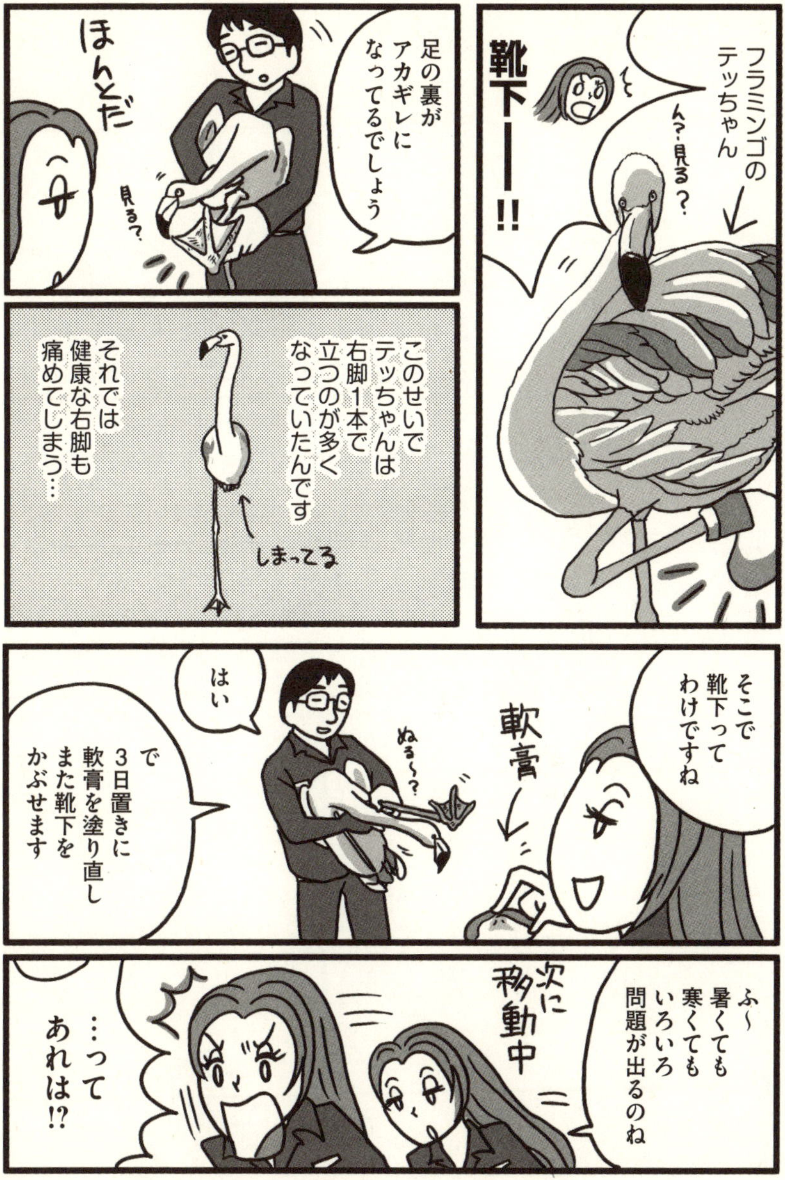
フラミンゴのテッちゃん
ん?・見る?
靴下ーー!!
足の裏がアカギレになってるでしょう
見る?
ほんとだ
このせいでテッちゃんは右脚1本で立つのが多くなっていたんです
しまってる
それでは健康な右脚も痛めてしまう…
そこで靴下ってわけですね
軟膏
ぬる〜?
はい
で 3日置きに軟膏を塗り直しまた靴下をかぶせます
ふ〜 暑くても寒くてもいろいろ問題が出るのね
次に移動中
…ってあれは!?

ライオンにマタタビをあげてるんですよ
は〜ん♡
なははー〜ん
みんな気持ち良さそうだし!!
何この朝から幸せな感じは！
寒くて体調が悪くなってたんですよマタタビをあげると元気になって食欲も出る場合があります
虎にも
はは〜ん
へぇー
こっちも何だか…!!
あーっ先生〜！
いたいたー
どうしましたボンボン
マリリンが言う事を聞いてくれません！
担当をかわった
戻って下さいちょっとだけ
まぁそうでしょうね
…ってわかっててやらせてるんですね
鼻水とまってますよ。

※先生があげたお酒は、ごく微量です。動物によっては死を招くこともありますので、マネしないでくださいね！

動物にお酒を飲ませると？

Q

飼っているイヌやネコにも
お酒を飲ませていいの？

A

**少量なめた程度では問題ない
場合もありますが、
ある程度の量を摂取すると健康を害したり
命の危険にさらされることもありますので、
絶対にやめてくださいね。**

Q

もし飲ませると、
どうなりますか？

A

**空腹・満腹でも変わりますが数十分後に吐き気や
ふらつきが見られ始めます。最悪の場合、呼吸回数の低下から
昏睡《こんすい》状態に陥り、死んでしまう場合もあります。
酔っぱらう姿がかわいいから、欲しがるからなどといって
安易に与えるのは非常に危険です。**

?

Q

ちょっとでも
ダメ？

A

アルコールを5.6ml/kg摂取すると、イヌやネコにとって
致命的《ちめいてき》になってしまうといわれています。
アルコール度数10%のお酒であれば体重1kgあたり、
約50cc飲ませただけで致死量に
値する量になってしまいます。（※参考／小さじ＝5ml）

Q

もし飲んでしまった場合は、
どうすればいいですか？

A

嘔吐《おうと》や痙攣《けいれん》などの症状が
見られる場合や、
ある程度の量を飲んだ可能性が
ある場合には
すみやかに受診しましょう。

似ているようでかなり違う類人猿《るいじんえん》

ついでに みんなで チンパンジーの 性格を観察して みましょう
ついで？ みんなで？
チンプ いいッスよ
いや オランですね
まずは 挨拶《あいさつ》から
はい こんにちはー！
あ こっ こんにちは 今日からお世話になる…
ぎゃあ ぎゃ
ガシャ
バン
ドン
ドン
ぎゃあ
うわぁ 何か怒ってます
新人の君を ナメてるんですよ 顔もカワイイから…
ガシャ
新人!! おれを見ろ!!
おれも 強いぜ!!
ガシャ
あはは 楽しい奴らだろ
ガシャ
こういう 騒《さわ》がしいところが 嫌いなんですよね
はぁ…
ガシャ

怖い！怖いよチンパンジー
あ広中くん
けーっ
けけけ
ほらね
最初だけッスよ!!
こんな感じでたいがいの研修生たちはチンパンジーにビビりまくってしまいます
次にヨーグルトをあげてみましょう
えーっ怖いですよまた威嚇《いかく》されるんじゃないですかぁ
そ〜
えっ
ぱく
ガシャガシャ
くったぞーー!!
きゃー何また怖い！
外に出たいんですね
食べ終われば出してもらえると思ってるわけッス
遊びが好きなんですね…
チンプはミぃ

…というわけで外に
エサをとる道具を取り合ってケンカ
ぎゃー
ぎゃー
わーっ今度はケンカですよ
あもう終わった
チンパンジーのケンカはあっさりしてるんですよ
おーしまい!
ハグ♥
そしてグルーミング♥
わぁあほのぼのー!
ねーいいっしょチンプ♥
あ〜っチンパンジーさんですよ〜
わあーこんにちはー!
ぎゃー
ガシャガシャ
お猿さん怖い〜
きゃー
きゃー怖いよ
うるさいのは嫌いなんです
やっぱり苦手です
さっきのほのぼの撤回《てっかい》…
オランウータンの場合…
さて次はオラン!挨拶からはじめてみましょう
いいよーオラン♥
あー怖いなぁ
こ…こんにちは〜
チラ…

あれ
静かですね
元気に！
こんにちはー！
ぴゅ
べちゃっ
ん？
何これ
やられましたね
げろげろ
…吐いてる？
ゲ○だ〜！
オランは
気に入らないものには
吐瀉物《としゃぶつ》を吹き飛ばす
ことがあるんです…
汚い話で
失礼します
インケン
だぜオラン!!
こちらもヨーグルト
あげてみましょうか
がんばって
乗りこえ
ましょう!!
うう…
君…
ヨーグルトを
あげるよ…

冷ややかな目
オランらしい行動です
そんなのイラネ。
え
ちょっと
ねぇ
あげるってば
食べたら
外に
出られるんだよ
別に
出たくねーよ
…でも…
ぱくっ
あっ
食べるの?
ダメだよ
スプーン
返してよ!
さっ
放して…
あ~
何だか
チンプとは
違う威圧感…
返して~
精神的に
追いつめられる
ような…
これで
こまるだろ?
オランウータンは
ジワジワと
イジめてくるのです

さ〜
外に出よう
楽しいぞう
えー めんどう。
活動的なチンパンジーとは対照的だなぁ
じゃあ出てみるか、、
ん？
あー見て見てでかーい♡
イチャ
イチャ
ピキッ
おーい何してんだ
ムグムグ
きゃーっ
ペヂャ
わぁ何すんだよ!!
汚ねーっ
これゲ○
ゲ○でしょ
ちくしょー
彼女は肩組んでるカップルが嫌いみたいで
大丈夫ですかーっ
どうやら嫉妬《しっと》してるらしいんですよね

夜ゲ○を飛ばす練習までしてるんですよ
ベチャ
ブッ
ええっ
きゃー
きゃー
おサルさぁん♡
←子供がうるさいので耳をふさぐ。
種によって特性が違うんですね
やっぱチンプっス♡
オランLOVE
チンパンジーが陽ならオランウータンは陰な感じですね
個性もありますが。
オランはひとりあそび好き
バナナの皮をヒモにする…
ちなみにオランウータンとチンパンジーを比較してみるとその違いがわかりますね
ほほぅ
なるほど～
チンパンジー
尾がない
樹上で暮らす時間が長い
主に果実食だが肉を食べることも
群れで生活する
Hey!
社交的
オランウータン
尾がない
ほぼ完全な樹上生活
果実食が中心
単独行動
今はいらない
プイ
マイペース

あなたはどの類《るい》人《じん》猿《えん》に近い！？

① 普段の行動は？

Ⓐ
単独行動が好き

Ⓑ
リーダー気質

Ⓒ
仲間を大事にしている

② 感情の起伏は？

Ⓐ
あまり感情を表に出さない

Ⓑ
感情的になりやすい

Ⓒ
とても穏やか

③どんな性格？

A
けっこうマイペース

B
人見知りはしない方だ

C
内気で臆病かも

④みんなの中では？

A
じっくり考えてから行動する

B
目立つのが好き

C
自己主張はしない

⑤どんな特徴？

A
興味が向けば一直線

B
実行力がある

C
安定こそ幸せ

Aが一番多い

「オランウータン」タイプ

単独行動が多く、マイペースなオランウータン。
一度興味が向いたものには熱心です。

Bが一番多い

「チンパンジー」タイプ

明るくて活動的なチンパンジーは、組織の中で
リーダーを目指します。やや感情的な面も！？

Cが一番多い

「ゴリラ」タイプ

一見、怖そうですが穏やかで安定志向のゴリラ。
なるべく争いごともしたくないのでは？

第4章

動物を育て、動物に育てられ…

動物のママになるための条件

スタッフ田畑くんは最近マコト（チンパンジー）の担当になりました
飼育員歴20年で初ママ
マコト
母親のチカは子供と認識せず抱くこともしなかったため人工保育となってしまったんです
担当になる＝ママになるってことです
ほとんどは育児放棄した母親の代わりに担当が育てるのですが…
ほうっておくと殺してしまうことも
無視
ママ…
おいでーおいでー
お前何？
特に類人猿の育児は難しく、担当と信頼関係が結べないとうまくいきません
信頼関係を結ぶため担当のママは頑張ります
何がしたいのか気持ちを察するのだ！
あそびたい？食べたい？寝たい？
じーっ
一緒に遊ぼうよ～
最終的に信頼された…と確信するのはどういう時ですか？
そうだね薬を飲ませてあげられたらかなぁ
はーい
あぁぁ僕できてないですよ～

人間がママとなり一緒に暮らしても最終目標は群れに帰さないとダメ
チンパンジーはお互いに助け合いながら群れで生活する賢くて社会性の強い動物です
ハーイ
ハーイ
人間と暮らすよりチンパンジーの中で揉まれながらチンパンジーとして生きるのが本当の幸せなのです
しかし群れのルールがあって…
強いオスには一目置かないといけない！
置かなければ**即刻ボコボコにされます**
プイ
ガシガシ
ほかの仲間から食べ物を奪ってはいけない！
奪ったらやっぱり**ボコボコにされます**
ガシガシ
またお前
強いオスには逆らわずお尻を向け反抗しない
しかしこのルールを知らずにお尻を向けないと…
ボコボコに
ガンガン
お前尻は
ひーっ
とにかく群れで生きていくには…
群れのルールを学ばないと死に繋がるわけです
群れルール

以前育てたチンパンジーのエツコの話
オランウータンといたので自分をオランウータンだと思っていた
よーしそろそろ群れに入ってもいいかな
エツコみんなに会ってみるかい？
え う、うん…
しかし！
がぶーっ!!
ぎゃあああ
わぁああエツコ〜！
大変だアゴが砕けてるぞ
エツコは群れのルールを知らずさらにオランウータンと暮らしていたため自分がチンパンジーだと認識していなかったようで
群れを見て興奮し続けたためオスに噛《か》まれてしまったんです
犬歯を見せてしまった
ぎゃー
ぎゃー！
誰!? あたしオランウーターンよー!!
何この娘…

群れのルールは
人間には
教えられない
だからねー
わかんなーい。
無事に
群れに帰すには
安定した心を
持たせて
チンパンジーと
会わせて慣れていき
自分が仲間だと
気付かせて
あげなくてはいけません
あ自分チンプだわ。
仲間に
慣れる方法
の1つが
お見合い
群れの中で落ちついているメス。受け入れてくれやすい。
これには担当が
お見合い相手にも
群れに帰る方にも
信頼されてなくては
いけません
お互い気持ちを落ちつけて…!!
ハラハラ
でも
信頼されてないなら
お見合いさせられ
ないですよ！
あああ
まぁ
頑張るしか
ないねぇ～
そんな
ある日…

マコト
Touch!
やったー
やったー!!
ややりましたよ
北澤先生
ミルクあげ中。
うんうん
良かったですね
これなら
続けていけば
群れに入れる日も
近くなるでしょう
え～田畑くん
良かったね
俺も
頑張ろっと
オランウータン
担当新人
はい～
しかし
まだ
薬は飲んで
くれない…
おい～
プイ
こんなママたちが
今日も動物園で
努力しているんですね

動物の子供から、想定外の攻撃《こうげき》…

■カッコウの託卵とは、自分で巣を作らず、他の鳥の巣に自分の卵を産み育ててもらうことを指す。巣の持ち主の子は落とされカッコウの子だけ残る

自然は容赦《ようしゃ》ないんですよね
やっとマコト（チンパンジー）と信頼関係が結べてきた田畑くん
動物園で育った場合は経験不足から育児放棄になると言われていますね
まぁ経験がなければ…
これなあに?
こわい…
…とか感じるのかもしれませんね
経験がなくてもしっかり育児できる場合も多々ありますけどね…
北澤先生の子育ての思い出
いろいろ子育てしましたが…
やっぱりチンパンジーとオランウータンを育てたのが印象深かったですね〜
オランウータンのマミ
慎重・ケンカしない
ひとり遊びが好き
チンパンジーのエッコ
怖いもの知らず
ケンカする・アクティブ

性格が
正反対の2匹
オモチャがあると：：
チンプ
エツコ
すぐ
たたく
ドン
バン
オラン
マミ
じっくり
観察してから
フンフン
ひとり
あそびする
共通するのは
それぞれ賢い所
チンプの
エツコ
わぁ
やった！
大丈夫
～!?
えっ
ありがとう
ケガをすると
治そうと
してくれたり…
オラン
のマミ
あれ
スプーン
放して
実習生を
からかったり
はなして
ほしい？
ぁ
うんうん
そのまま放して
だめー♡
ぱくっ
わ～
私からかわれて
ますかぁー!?
うーん。
しかし!!
トイレだけは
覚えないのです
小さい頃は
オムツ着用で
育てます

そうそう
驚いた事件がありました。
チンパンジーのエッコが
4歳になったときです…
さ
注射《ちゅうしゃ》だよ
背中を見せて
うん。
くるり
いつもみたいに
ちょっと痛いけど
我慢してね
あ、あれかー
前日までは
おとなしく注射をさせて
くれていたのですが…
ん？
くる
さっ
えっ
ぷすっ

チンパンジーに注射を打たれました…
い・いたい…
どぉ？
大事には至りませんでしたが…
アセりました
へ～っやっぱ賢いんスね
注射を刺すものだって見ててすぐ覚えたんでしょうね
いやーびっくりしました
…トイレは覚えないのにねぇ
俺今度チンプ担当するんですよ
大丈夫スかねぇ
おお
子育てデビューですね
おめでとー!!
その後のマミとエツコ
マミはそのままお母さんと一緒に暮らしたのでした。
きーきー
北澤せんせいいわね
ポンポンてあいつバカだよー
エツコはパートナーを得るため中国へ…。
いくわよ～
子育てといえばキリンの授乳《じゅにゅう》が大変だったよね
小さい頃
普通にあげることができないので…
脚立《きゃたつ》を使っていました

子育てでスゴイのがあるじゃないですか
ほら〜
え！どんなのッスか
子熊ね可愛いんだけど育てるのが…子熊担当の大林さんなんか——
いててててっ
大林さんまたやられてる
腕《うで》がスゴイことになってますよね
きゃあ…
ガリ
いて
いて
いてて
ガ
ガ
何よー私の腕がどうかしたってー？
ひーーっ
リ・トカット!?
←子熊にひっかかれたキズです
子育てで大変な事はいろいろ…
あと!!
赤ちゃんの時は飲み物など誤飲する場合が多いんですよ
その際死んでしまうことがあるので注意が必要です
パンダとか
だから哺乳瓶《ほにゅうびん》の乳首のサイズを口に合わせて微調整するの
数ミリで変わるから!!
ママになるには覚えてね！
俺…子育てできるッスかねぇ
本当のママも飼育係のママもやっぱり子育ては大変…！

日本最高齢《さいこうれい》のシマウマを立たせる

そんなアスカをみんなで協力して立たせるのです
よしみんなシマウマ舎に行きましょう～
お～
あのー
何か私も手伝うことになってるんですが…
バイトで→
園長の娘
麗華さん
あよろしくお願いします
何するんですか？
倒れたアスカを立たせるんです
寝てたほうがいいんじゃないですか？
いえいえ
シマウマの体は横になるのを想定した構造でないため
下になった部分の皮膚《ひふ》や筋肉は血行不良で壊死《えし》し胃や腸の動きが悪くなり死に至ります
内臓
立ってると大丈夫
動き悪!!
内
え～っ！
だから野生のシマウマは基本的に横になりません
そうでしょうねぇ
横になってたら死ぬかもだし
アスカは4本の脚すべてが関節炎をおこしヒヅメも傷めていて自力で立ち上がれないんです
おはよーございます
おまけに体重200kgですから…
おはよーございます
アスカ大変だったのね…

よし みんなー 始めましょう〜！
あー
あ 麗華《れいか》さんたちも 来てくれたんだ
アスカ担当 一家くん
さぁ 麻酔《ますい》でしょ 先生！
シマウマって 暴れて蹴《け》ったり 噛《か》んだりして 大変ですよね！
はい その通り 蹴ったり噛んだり しますが…
※麻酔は できません
※シマウマは 麻酔できても 興奮しすぎて なかなか 効きません
キケン なのに 麻酔が できないの!?
そんなわけで 気をつけて 立ち上がらせるん ですね
みんな 気をつけてー
はーい！
自己防衛するしか 方法は ないんですねー!!

まずは壁《かべ》に沿って ブロック積み
はーい
干し草ブロック
これはアスカが蹴って転んでも大丈夫なように
できました!
さぁ 縄をかけますよ!
蹴られ防止の板
獣医と担当以外は危険ですので出てください!
アスカを立たせる作戦
①ロープを体にまく
先に重り
オモリ
②滑車にかけ引っぱる!!
よし次はロープを体に…
ちょっと!! 何すんのッ!!
わわっ!!
うわーっ!!
ばく
一家くん! か 噛まれた!?

キャー
指が食いちぎられてる！
いやいやギリ大丈夫ですよ
指あります
でも血が～
ああ良かっ…
ばく
うあぁあー！
先生！
おお尻が…
お尻なら大丈夫でしょう血は出てないし
一家くん病院に…！
血がすごいです
いてて
いやすごく痛いんですけど…
こんな感じで3週に1回くらい倒れたアスカを立ち上がらせる朝が続き…
じゃ！続きやりましょ
先生～アスカ倒れてます！
呼び出しが来れば出て行く日々
ははいーっ!!
ひぃぃ
それは2年間続きました——

先生
アスカ
お願いします～
よしきた！
すっかり慣れて
もう噛まれることも
蹴られることも
なくなりました
よーし
やろうか！
はーい
朝
手伝える人が
集まっている
よろしくね
←ドア係、
蹴られ防止の
板
アスカも慣れて
落ち着いた状態に
せーの
それ～！
よた
よた
よた
うん
できるできる

起こしてくれてありがとう。
ふー…
うんうん やっぱり 起きてたほうが 調子いいですもんね アスカ
でも あんまり 触らないでね。
今アスカは 日本で最高齢ですから このまま頑張って 記録を作ってくださいよ
僕らもすっかり シマウマを 立たせるのが 得意になりましたね
シマウマ 立たせ技って あったら やっていけるかも
獣医と担当以外は干し草ブロックを並べるだけだが…
あ もうすぐ 敬老の日ですし
あー
イベントNote
「日本最高齢の グラントシマウマ アスカ!」 ってイベントすると いいかもですね

よーし
アスカ
そのときまでに
もうちょっと
元気になりましょうか
ふふん
そうねえ。
じゃあ〜ねー
よろ
よろ
先生
アスカが…
ん？
夕方ですけど
また倒れてるんですか
いえ…
アスカは
倒れたまま
息を引き取って
いました
噛んだり
蹴ったり
元気だった
アスカ…
痩《や》せて
元気をなくしても
長寿記録を伸ばし
癒しをくれた彼女に
僕らは改めて
感謝したのでした
シマウマの
アスカ
亡くなりました

新米スタッフを教育するゾウ

ジャババ
新人のお前らにコレだ!!
またやられた!
くっそ～!
タローは新米スタッフが運動場の前を通ると鼻から水シャワーをかけるんです
ジョリー
またやってる…
けけけけけっ
ざまぁ
人間はキライなんだよ
byタロー
キラッ
あの広場…通るときは水をかけられないように逃げ回ってたよな
僕なんか今でも駆《か》け抜けますよあそこ…
新米でないのにナメられていた
ジョリーはどこを触っても平気なのです。
ジョリーは人なつこくて優しいのにタローはダメだったなぁ
ゾウ担当黒澤くん
うんうん

タローはまったく人に心を許さなかった感じですよね
俺に触るなーっ
野生のままというか…ちょっと荘厳《そうごん》な感じすらしてましたよ
ホントに最後まで体を触らせなかったですもんねぇ
担当の君でもダメでしたもんね〜
ナデナデ
触れるのは足の裏だけそれも檻《おり》からちょっと出たとこ
ココ。
足の裏だけじゃ聴診《ちょうしん》なんかできないし
まして採血なんか絶対ムリ! 皮膚が厚くて硬いから注射できないし
硬!!
投薬は餌《えさ》に混ぜるけど…
体重に比例させて大量になる薬はイヤだって餌ごと食べないし
マズ!!
そのせいで食欲が落ちるから治療《ちりょう》してるんだか悪化させてるんだかわからなくなっちゃいましたよ
げっそり
ゾウは治療しにくい動物だと勉強させられましたねぇ
5トン以上あった体重も4トンまで減っちゃったし…

タローは死後
解剖《かいぼう》されることになりました
じゃーはじめまーす
症例数が少なく投薬や治療についてわからないことがまだまだあるためゾウの解剖は学ぶべきところが多くあるのです
雨合羽《あまガッパ》を着てお腹の中に入って調べます
うん予想以上に病気が進行してたんだな…
象の内臓
触れないから足の裏だけでも
でも最後まで立ち続けられたのは足裏ケアや体調に合わせた温度や餌の管理が良かったからだ
黒澤くん
黒澤くん健康維持に頑張ったんだろうな…
精巣を探していく
ホラー映画だ…
タローはさまざまな知識を我々にしっかり残してくれました
骨は骨格標本に…

数日後
おっと運動場
危ない！水が来るぞ！
ササササー
いそげいそげー
ん？
せんせ～いっちゃうの～
あぁそうだった……
ジョリー
そうかもうタローはいないんだなぁ…
新米たちはタローに育ててもらい…
ジャーッ
やめて…
動物の怖さを教えてもらった
イイ気になるなっ
ひー殺されるっ
助た…助け…
また野生動物の誇りも…
おーい採血だけさせてくれよ～具合悪いんだろー

いやだよ いやだね
俺は人間になじまない
森で生きる者だから人間に頼らないだからこうなって…
やっと帰れるんだよ森に
どうしたの？
あっジョリー
そうか帰ったんですねタロー…
君からもらった経験を僕らはしっかり身につけ
残されたジョリー…そしていつか飼育する次のゾウたちのために最大限活かしていきます
タロー
12/16に 亡くなりま
ありがとう…

ゾウを調教する理由

なぜ動物園では
ゾウの調教をするのでしょうか。
ショーで、みんなを楽しませるため？

それ以外にも、実はゾウの世話を
しやすくするために調教をします。
「前へ進め」「止まれ」「足を上げろ」
「口を開けて」などを教えておけば
移動はもちろんのこと、人の手では
持ち上げられない足の裏や口の中を
確認できたり、健康維持に必要な
身体の検査や処置をスムーズに
行うことができるのです。
そんなゾウの体重は４～５トンあります。
もし、人がいる側に倒れてしまったら…
ひとたまりもありません。
（鼻でアタックされた場合、数メートル
吹き飛ぶこともあります！）
楽しそうに見える調教も、動物に
関わることは常に危険と隣り合わせです。

第5章

動物に優しい環境を作ろう！

ペンギン会議

ペンギン会議に出席してきましたよ
ペンギン会議
ペ…
ペンギン!?
何ですかそれ？
ペンギン会議とは？
皇帝ペンギン
世界最大!!
生息数
2000羽以下!!
ガラパゴスペンギン
シェンツーペンギン
皇帝、キングについで3番目にデカイ
フンボルトペンギン
暑さに強いぜ!!
などなど約200羽のペンギンが勢揃《せいぞろ》い！
はいーっ
異議ありー
どうすか
そして彼らの生息地を奪《うば》い絶滅に追い込んでいる…
人間！
も参加する会議なんです
ひ
非難しないでいてくれるんですね…
Observer 人間
いいよ。それより環境を守るには人間の力も必要だからさ…
君たちも協力してくれよな。

わぁあ〜ん
ペンギンさん すみません… 環境をぉぉ〜
さぁ話そう!!
次の議題はぁ〜
えー南極の報告をしまーす
自分たちの将来環境問題について熱い議論を戦わせるペンギンたち
参加した僕は…
環境問題を何とかしなくては
…と思った2日間でした
えええ! すっ… すごいです
ペンギンと直にセッション!
いやあの… ペンギンが参加したというのはウソですが
どう考えてもぃ
えっ そうなんですか!
ガーー
参加者は獣医師 飼育者 研究者そして一般のペンギンファンなどです
南極におけるペンギン研究の最新事情や温暖化の影響
野生での状況 施設の紹介 症例報告など朝から晩までペンギンづくしの会議なんですよ
あしあ…
氷がなくなる…
あぁ〜
ペ
ペンギン LOVE

え〜 このペンギンは 足にシモヤケが できたので…
シモヤケ
靴《くつ》を履《は》かせて みたところ 改善しました！
すぐにでも 使える実用的な 治療法だ
…と感心する 情報があったり
フラミンゴ
靴下に
その他 衝撃的な報告も…
フンボルト ペンギン
この夫婦は ご存知の通り
夫婦の 絆《きずな》が 強い！
仲が いい！
…ところが
飼育個体の 遺伝子を 調べたところ—
遺伝子 調べ
つがい外交尾
浮気
が あったんです！
ノー！
そんなぁ〜！
ざわ ざわ
ペンギン LOVE

そんな会議が進み実感したのは
ペンギンが地球上から消えつつある現実
…ということです！
特にフンボルトペンギン
ぼくです。
野生下では年々減少しており世界的な※レッドリストで絶滅が危惧《きぐ》されています
※レッドリスト…
絶滅のおそれのある野生生物（動植物）のリスト
フンボルトペンギンの営巣に必要な※グアノを肥料として採っていく人間が多いうえに…
ちょっと〜!!
グアノがないと巣をつくれないよー
※グアノ…
島の珊瑚礁《さんごしょう》に、海鳥の死骸《しがい》・糞《ふん》・卵の殻などが長期間堆積《たいせき》して化石化したもの
食料となる小魚も乱獲により減少し
ちょっと〜
食料もないよー!!…
EAT
彼ら自身が人間の食料として乱獲されることもあるんですね
えーっ食べちゃうんですか！

そんな中 ペンギンの危機を救う対策も報告されました
フンボルトペンギンの飼育頭数が世界一多い日本では
世界1!!
全個体の採血を行い血縁関係を明らかにし正確な遺伝情報のもと良好な遺伝子を保つ個体を確保します
これはフンボルトペンギンの絶滅を防ぐのに大きな意味を持ちます
なるほど〜
絶滅に向かっているペンギンですが人類の努力によって共存していける可能性もあるのだと
小さな希望を感じた会議でした
ちょっとホッとしました〜
ほんとですね〜!
このペンギン会議は飼育者 研究者だけでなくペンギンが好きであれば誰でも参加できるんですよ
ハーイ
へぇ〜 私も参加したいなぁ〜!
あ、明日はゾウ会議なんですよね
ゾウ!!

もしや
いろいろな
会議が
あるのでは…
はい
レッサーパンダ会議
・・・・かいじゅう会議
なんてのも
ありますよ
怪獣《かいじゅう》
会議!?
ぎゃーす
があ～
いえいえ
海獣《かいじゅう》!
イルカ
マナティー
アザラシ
セイウチ
ラッコ
あ
あぁ
びっくりしました
今日もどこかで
動物のために
会議などで議論を交わし
動物たちがよりよく
生きられるために
考え学び工夫をしようと
頑張っている人たちが
いるんですね
まずは
興味を持つことから
動物の保全を
考えてみませんか?

両生類の箱船《はこぶね》計画

それがうちの動物園とどう関係するんですか～
世界の話ですよねぇ
この恐ろしい「ツボカビ」※日本にもすでに上陸してるんですこれが広まれば固有種なんてすぐ地球上から姿を消してしまうことになるんですよ
さよーならー
えぇ～っかなり大変な事態ですよ！
※ツボカビに感染すると、全身がカビに覆われ皮膚呼吸ができず、窒息死してしまいます
だからツボカビに対する緊急保護策として
「両生類の箱船《はこぶね》計画」が立案されたんです
箱船計画？
世界中の動物園で両生類を飼育しその種の絶滅を防ごうという計画です
へぇ
この活動がその一環なんですね！
我々も一員てこと!!
そういうことです

よし今回は生体11匹と卵嚢《らんのう》（卵の塊）が採れたね
わ～私も家で飼いたい
天然記念物～♪
ダメです！興味本位で捕まえたりするのは違法行為ですしすぐ絶滅しちゃいますからね！
はーい
てへっ
それ展示するんですよね？
動物園で…
いやいやこれは見てもらうためのものではなくて…
飼育しながらデータを取って飼育法を確立し着実に個体数を増やすことから始めて…
DATA
DATA
そして動物園での飼育にとどまらず生育環境の調査改善に貢献しようと考えているんです
調査の改善!!

なるほど動物園内の活動だけでなく続けていかないといけないんですね～
そうそう
みんな別々の道にいっても活動はしていきましょうね
そして現在…
クリニックのマリちゃんです
それでみなさんが…
集合してるんですね
マリちゃんも早くおいで～
…っていうか窮屈で動けませ～ん！
今日は休みにしましたよ。
そんなわけで集合した種の保存委員会
先生の動物園時代のメンバーで集合するといつも環境問題で白熱するんですよ～
マリちゃんこれどう思う－!?

ラッコが消えると魚もいなくなる!?

あ
じゃあ私
追加のお肉
買ってきます
よろしく～
マリちゃん
野菜好きだから
帰ってきたら
食べてね～
わかりました！
他全員
野菜キライ
…が
帰ってくると…！
はぁー
おー
みかえりー
ふぅー
どよ～ん゛
殺伐《さつばつ》としてる――!?
何ですか
一体！
楽しく焼肉
してたのに
この状況は～っ
ああ
マリちゃんが
いなくなって
事態が急変してねぇ
肉がなくなり
マリちゃんが
肉を買いにいく
野菜好きな
マリちゃんが
いなくなり
野菜の
残りが
増え…
みんなで
野菜を食べる
ことにしたが…
野菜ばっか
うー
マリちゃん以外は
肉好きなので
無理に野菜を
食べていたら殺伐と…
変化したんです

あっ変化といえば!!!
これと似たような例で
ラッコと魚の話が
ありますね…
あぁ〜!
え
何の話ですか
みなさん知ってるの?
ラッコがいなくなると
魚も消えるんです
ど
どういう
ことですか?
北極に近い
アリューシャン列島
ここのニア諸島には
ラッコが生息していました
しかし
ニア諸島のラッコは
毛皮目的の乱獲や
シャチに捕食されたこと
などで激減してしまった
のです
この影響で
ニア諸島の海の中は
ずいぶん変わって
しまったんです
わっ
魚もいないし
何だか
殺伐としてる!?
どうしたんですか

ラッコは
ウニ　エビ　カニを
食料にしています
うん
いい味だね。
ラッコって
グルメなんですね～
うまそ～
ラッコがいなくなり
食べられることがなくなった
ウニ、エビ、カニが増え始めます
増
増
そして
ウニがふえたため
食料である海藻《かいそう》は
食べられて減ってしまいます
あれー
あや
何だ～
わ～
大変～
そうなると
そこを住処《すみか》にしていた
魚などの生物が
いなくなってしまうわけです
ただの砂地…
これじゃあ
魚も暮らせなく
なっちゃいますね

食物連鎖
みたいな
感じですか？
虫
食
カエル
食
ヘビ
食
フクロウ
食
オオカミ
死
虫がわく
そうですね
このラッコの件は
ある生き物が
減少したことにより
関連する生物が増えると
様子が大きく変わる
という反応ですので
食物連鎖の一つとして
考えられるでしょうね
そして
この場合のラッコは
キーストーン種
といわれます
生態系において
個体数が少なくとも
その種が属する生物群集や
生態系に及ぼす
影響が大きい種を
キーストーン種という
ちなみにラッコには
ほとんど皮下脂肪がないため
栄養価の高い食料を
たくさん食べて
体温を維持しているんです
体温
体温
食べなきゃ…!!
アワビやウニとかの
高カロリーなものを
摂り続けないと
生きていけないわけ
だから
飼育も大変なのよね〜
ラッコも
飼育
したわよ

そうか
たった一つの種類でも
なくなると
連鎖して
いろいろな影響が
あるんですね…
わかりました!!
そうなんです
だから
種の絶滅は
避けなければ
いけない問題
なんですよね
…っていうか
この話と
みんなが焼肉してる
ことと何か繋がり
ありますかね!?
また
盛りあがって
きましたね!
よーし
肉だ
肉だ
マリちゃんがいなくなって
環境が変わった…
って
とこだけですね
ちょっと
無茶な
説明です
もう野菜は
いいです
ねぇ〜
うんうん
キーストーンの
マリちゃん
残りの野菜は
食べてね
野菜は
マリちゃん
ッスね!
え〜と
使い方
間違ってませんか?

キーストーン種とは？

Q

「キーストーン種」って何ですか？

A

キーストーンとは、アーチ状の石橋の頂上にある小さなくさび型の石のことです。この小さな石には、石組みを安定させる大事な役割があり、この小さな石が１つ外れるだけで石橋全体が壊れてしまいます。同じように個体数が少ないけれど、この生き物がいなくなると、生息する環境全体に大きな影響（崩壊《ほうかい》）を与える種を「キーストーン種」と呼びます。

Q

キーストーン種がいなくなると、
どうなるの？

A

生態系に及ぼす影響が大きいキーストーン種は、食物連鎖《しょくもつれんさ》と密接に関係しています。１つのキーストーン種がいなくなることで、その種を食べていた種が消え、消えてしまった種が食べていた生き物が増え…と、影響がどんどん連鎖していきます。そして、やがては生態系が崩壊してしまいます。

両生類の激減…

両生類を絶滅の危機に陥れる
恐ろしいツボカビ。
日本では「カエルツボカビ」が昔から
自然に存在します。日本の両生類は抵抗力を
持っている可能性が高いとされていますが、
地球規模で両生類の激減に歯止めがききません。

それは、ツボカビ以外に
こんな理由があるからなんです。
●湿地帯《しっちたい》、田んぼの減少により、
生息場所がなくなってしまったこと
●水質のきれいなところに生息するのに、
水の汚染が進行していること
●オゾン層破壊で強くなった紫外線《しがいせん》に
耐えられなくなったこと

など、ツボカビ以外にも
絶滅を引き起こす原因が、いくつもあるのです。
両生類に必要なのは、きれいな水と豊かな森。
生物たちが、本来の環境に棲《す》めるように
することが、絶滅を防ぐ第一歩かもしれません。

自然とともに消えゆくクマたち

くらま
くらま
クマって鳴いてますよね
そんな気がするんです
うう〜ん そうかなぁ
親からはぐれた〝迷い熊〟として保護されてきたハルとコタロウ。野生のツキノワグマ兄弟です
生後2ヵ月体重は2kgを超えたところ
ミルクは犬用
ガリッ
あっ
ガッ
うわぁ〜 今日も大暴れだ！
哺乳瓶《ほにゅうびん》じゃ母熊のおっぱいとは程遠い味と感触だからなぁ
飼育員たちはあっという間に傷だらけ
だめか?
ガッ
だめぇ〜
赤ちゃんなのに鋭《するど》い爪《つめ》と犬歯を持っていますから

ぼろ
ぼろ
…
酷《ひど》い状態ですね～
ププ
うう 飼育してないやつはいいよな
ころ
ころ
ころ
あぁ～ やっぱ 可愛いなぁ
うんうん
ちょっとぐらい 傷つけられても 平気ですよね
北澤《きたざわ》先生 噛《か》まれ慣れて ますしね
好きで 噛まれてる んじゃないん ですってば
ちゃんと 〝月の輪〟 あるんですね
貴重な ツキノワグマの 証《あかし》ですね
その数年後 現在の動物病院
あっ ツキノワグマ といえば
大型の哺乳類って アメリカでは激減し ヨーロッパでは絶滅 してるのよね…
可愛かった なぁ～
なのに 日本には いるんですよね～

そうなんです
この小さな島国に
クマのような大型の食肉目が
生息していることは
世界に誇れる
素晴らしいことです
なぜ
日本で生き残ったか
というと―
日本人は
昔から森を利用し
森と共に生活してきました
木の実をとったり…
伐採したり…
どりゃっ
そして日本では
自然や動物を神として
大切にする文化が
ありました
森を守りながら生活する
知恵と文化があったから
大型動物も
生き残ってこれたのですね

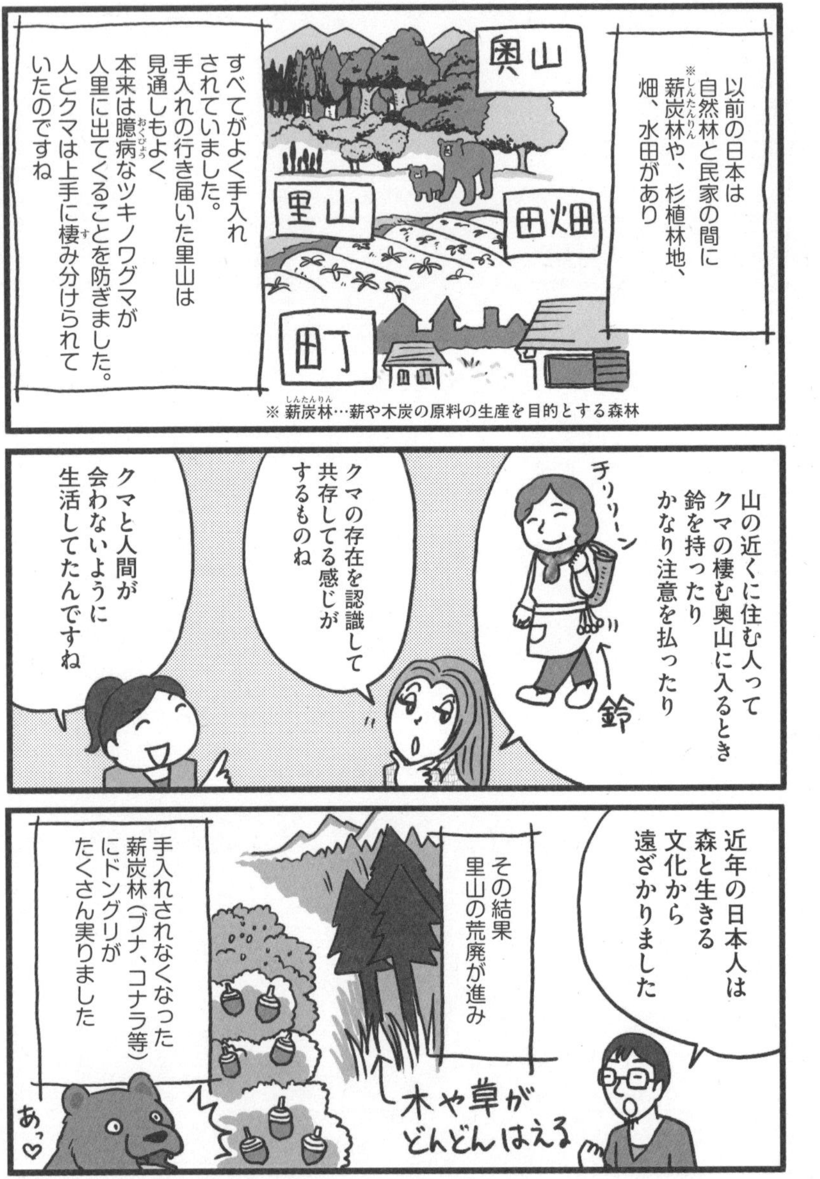
以前の日本は自然林と民家の間に※薪炭林《しんたんりん》や、杉植林地、畑、水田があり
奥山
里山
田畑
町
すべてがよく手入れされていました。手入れの行き届いた里山は見通しもよく本来は臆病《おくびょう》なツキノワグマが人里に出てくることを防ぎました。人とクマは上手に棲《す》み分けられていたのですね
※ 薪炭林《しんたんりん》…薪や木炭の原料の生産を目的とする森林
山の近くに住む人ってクマの棲む奥山に入るとき鈴を持ったりかなり注意を払ったり
チリリーン
鈴
クマの存在を認識して共存してる感じがするものね
クマと人間が会わないように生活してたんですね
近年の日本人は森と生きる文化から遠ざかりました
その結果里山の荒廃が進み
木や草がどんどんはえる
手入れされなくなった薪炭林（ブナ、コナラ等）にドングリがたくさん実りました
あっ♡

ツキノワグマはドングリが好物
なので 奥山から里山にきます。
荒れた里山は見通しが悪く
臆病なクマの隠れ場や通路に
※肉食のイメージが強い
動物ですが、肉はあまり食べません。
そのかわり昆虫類やザリガニを食べます。
ドングリなど木の実が主食です
?
人間が住む周りに
田畑や里山がなくなり
クマが棲む森との境目が
近くなってしまいました
クマにとって人間が捨てる生ゴミは
ごちそうですので
食べ物を求めて
町へ出てくるようになりました
うまいょコレ!!
ゴミ
ゴミ
好物のドングリが
天候による凶作の場合
食料が不足します
お腹すいた…
赤ちゃんできない
すると
夏に交尾し受精しても
秋に
十分な栄養が
摂取できない
場合には、
着床《ちゃくしょう》しないように
体ができているのです
赤ちゃんが
できない
着床遅延《ちえん》
餌が少ないと
食料を求めて
町に出てきてしまいます
背に腹はかえられないわ!!
特に若いクマは
人間を知らないので
恐れることなく
出てくるようです
はぁ?
人間怖くねーし
BeaX
行こうぜ
行こ〜ぜ

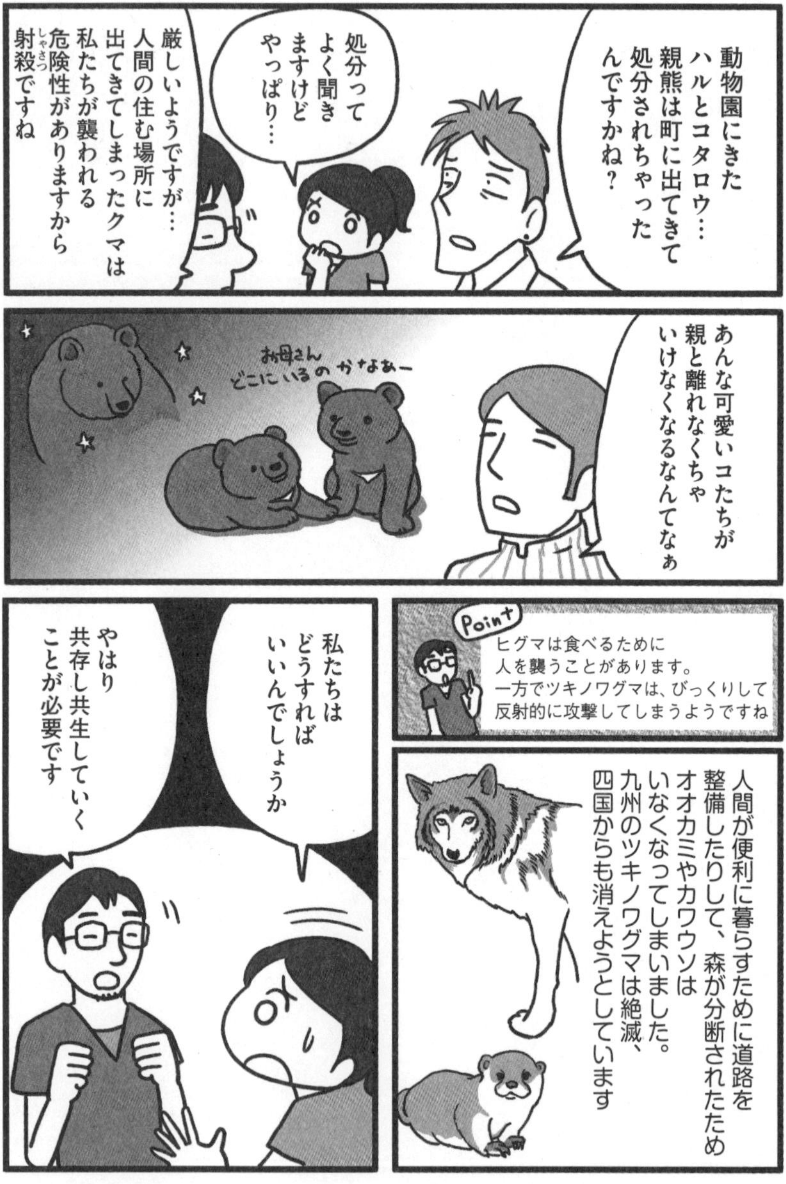
動物園にきたハルとコタロウ…親熊は町に出てきて処分されちゃったんですかね?
処分ってよく聞きますけどやっぱり…
厳しいようですが…人間の住む場所に出てきてしまったクマは私たちが襲われる危険性がありますから射殺《しゃさつ》ですね
あんな可愛いコたちが親と離れなくちゃいけなくなるなんてなぁ
お母さんどこにいるのかなあー
Point
ヒグマは食べるために人を襲うことがあります。一方でツキノワグマは、びっくりして反射的に攻撃してしまうようですね
人間が便利に暮らすために道路を整備したりして、森が分断されたためオオカミやカワウソはいなくなってしまいました。九州のツキノワグマは絶滅、四国からも消えようとしています
私たちはどうすればいいんでしょうか
やはり共存し共生していくことが必要です

生き物は
ひとりでは
生きていけません
利用したり
利用されたり
いろんな種類が
いるから生物は
生きていけるんです
実はオオカミも
森のキーストーン種と
いえるんですよ
人間がオオカミの
獲物である草食動物を
狩ってしまったため
腹すいた腹すいた
食べるもの
ねーよ!!
あれを
食おう…
人間に駆除《くじょ》される
危険を冒してまで
家畜《かちく》を襲ったんですね
そんなオオカミは
家畜を襲う
害獣として駆除され
オオカミが
いなくなったことで
シカや
イノシシが増え
わらわら
わらわら
何?
何?
様々な害を及ぼします。
そして…
※様々な理由のうちの一例です

天敵を失った大型の草食動物が異常に増加して地域の植物を食べてしまう
もぐもぐ
植物がなくなるため
もぐもぐもぐ
カサカサ
草食動物が死んでしまい
森が減ってしまった
どれが欠けてもいけないってことですね
森が減るなんて!!
そうですね必要のない生き物はいないんです
その種が暮らしていける環境を人間が作っていくことも大事なんでしょうね
漁師さんが次も捕獲《ほかく》できるように必要な分だけとりますねそういう工夫は努力でできます
今年はここまでだなーっ
おうー!!
人間のエゴで根こそぎとってしまうことは共存どころか種を絶やすことになっちゃうもんなぁ
まぐろなんかそうですね
うんうん

それぞれの種が今まで生活してきた本来の場所に戻りバランスを取り戻して生きていけるように努力することが
どんどん
とっちゃえ!!
あちあち
環境を壊してしまった人間の役目だと思います
これから必要なことは…
クマが本来の場所に戻って暮らしていけるよう森の価値を見直し必要な手助けをしていく…
などですね
山の整備とか…
そうですね
そこまでできなくても好きな動物以外に気になる動物がいたら興味を持つこと
えっ何この動物!?
どうぶつ
あそれくらいならできそうです!
それが動物との共存に繋がる第一歩かもしれませんね
第一歩やってみま〜す

動物の絶滅を防ぐために

ある日、羽を傷めて飛べなくなった幼鳥が、
動物園に持ち込まれました。
日本で生息する最小のフクロウ・
「コノハズク」（成鳥で20㎝程度）です。
秋に東南アジアに渡り、
春に日本に帰ってくる渡り鳥で
「ブッポウソー」と鳴くことで有名です。

体力回復のために、まずは餌を
食べさせなければなりません。
餌用の虫をピンセットで一匹ずつ
与えましたが、吐き出してしまいました。
好き嫌いの多いコで、育ての親としては大変！
それでも、蛾《が》が大好物で１日に30匹以上
食べることもありました。
それからしばらくは、昆虫採集が僕の仕事に…。

工夫や研究を重ねに重ねた結果、
「秘密の餌」をあみ出し、コノハズクに
栄養を摂らせることに成功しました！
野鳥の飼育は、ケガの治療よりも
餌付けの方が難しいのです。

コウノトリのように、注目されたことにより
絶滅を免れた種もありますが、
絶滅したことすら気づかれない種も
たくさんいるのです。
なんとか飼育数を増やし、
絶滅防止に貢献したいものです。

おわりに

「先生、チロちゃんの口からエイリアンが飛び出した〜！」。右手にビーグルの子犬チロちゃん、左手にエイリアンを持った飼い主さんが病院に飛び込んで来ました。飼い主さんは余程慌《あわ》てたのか、左右の違うサンダルを履《は》いています。エイリアン？　まさか…、おそるおそるエイリアンを見ると、エイリアンは長さ10㎝程の糸状のものが、くるっと丸まったものでした。正体は寄生虫です。僕は、エイリアン退治のため、チロちゃんに駆虫薬《くちゅうやく》を飲ませました。

「先生、タマの目が、目が〜っ」。お次は、目が落ちそうな程飛び出して、口には菜箸《さいばし》が刺さったままの猫のタマちゃんと飼い主さん。タマちゃんは流し台の上の菜箸をくわえたまま床に落下。菜箸が口に刺さり、ほっぺたを突き抜けてしまったのです。僕は菜箸を抜き、傷口の手当てをして、飛び出した目をそっと戻してあげました。

そして次は、「先生、ピョン助、爪から血が出て止まらないんです」
「それで、あの～ピョン助はどこ?」
「あっ家に忘れてきた…」
あまりのパニックで、ウサギのピョン助を家に置いてきてしまったとのこと。連れて来なくちゃと、慌てて家に帰ると、既に血は止まって元気に走り回っていると連絡がありました。良かった良かった。

この地に開業して5年が過ぎ、たくさんのワンちゃん、ネコちゃん、ウサギちゃん、そして愉快な飼い主さんと知り合いました。飼い主さんと一緒に笑ったり泣いたり。今も毎日が事件の連続です。

この本に載せた物語は、僕が体験してきたことの一部です。いつかまた、他のびっくりするような事件などをご紹介しつつ、皆さんと再びお会いできるのを楽しみにしています！

北澤功

思わずビックリ！
どうぶつと獣医さんの本当にあった笑える物語

発行日　2016年7月7日　第1刷

原案　北澤功
漫画　ユカクマ

デザイン　五味朋代（フレーズ）
製作協力　木村隆志（企画のたまご屋さん）
編集協力　熊谷早苗
校正　宮川咲

編集担当　杉浦博道
営業担当　石井耕平
営業　丸山敏生、増尾友裕、熊切絵理、菊池えりか、伊藤玲奈、綱脇愛、櫻井恵子、吉村寿美子、田邊曜子、矢橋寛子、大村かおり、高垣真美、高垣知子、柏原由美、菊山清佳、大原桂子、矢部愛、寺内未来子
プロモーション　山田美恵、浦野稚加
編集　柿内尚文、小林英史、舘瑞恵、栗田亘、澤原昇、辺土名悟、奈良岡崇子
編集総務　千田真由、高山紗耶子、高橋美幸
講演事業　齋藤知佳、高間裕子
マネジメント　坂下毅
発行人　高橋克佳

発行所　株式会社アスコム

〒105-0002
東京都港区愛宕1-1-11　虎ノ門八東ビル
編集部　TEL：03-5425-6627
営業部　TEL：03-5425-6626　FAX：03-5425-6770

印刷・製本　中央精版印刷株式会社

Printed in Japan ISBN 978-4-7762-0909-6

本書は、2013年2月に弊社より刊行された
『爆笑！　どうぶつのお医者さん事件簿』を改題し、再編集したものです。